江苏省科技镇长团宜兴团成果
宜兴市·江南大学新时代文明实践市校共建成果
江南文化研究院成果

荆溪美术情

杨 延　宋东杰　王小平　周业飞　主编

上海大学出版社

吾来阳羡，船入荆溪，意思豁然，如惬平生之欲。逝将归老，殆是前缘。王逸少云，我卒当以乐死，殆非虚言。吾性好种植，能手自接果木，尤好栽橘。阳羡在洞庭上，柑橘栽至易得。当买一小园，种柑橘三百本。屈原作《橘颂》，吾园落成，当作一亭，名之曰"楚颂"。元丰七年十月二日书。

——苏轼《楚颂帖》

　　宜兴地形为"三山、二水、五分田",素有"陶的古都""洞的世界""茶的绿洲"和"竹的海洋"等美誉。

内容简介

本书是宜兴文化系列丛书之一，介绍了136种宜兴代表性植物的形态特征、产地分布、功能用途和文化内涵。全书分为古木名植、绿野山林、渎滨水生、农桑衣食、本草品汇和庭园缤纷六篇。全书图文并茂，展示植物科学，衬托人文情怀，附表分列400余种宜兴常见植物的主要信息，对宣传大美宜兴、倡导绿色生态具有一定的参考价值。

编委名单

主 编

杨 延　宋东杰　王小平　周业飞

编 委

何 涛　解 平　潘加军　唐忠宝　蒋 健　刘源洞　张 立　郭 昀
郭恒杰　谭 明　郑益锋　陈妍慧　戴乐寅　路 广　单奇华

供 图

仇洪生　王沁仪　陈秋轩　蒋春芬　储政科　刘 政　郭仲云

校 审

刘兴剑　汤诗杰

序

宜兴市第十二批科技镇长团整理编著了《荆溪草木情》,该团团长、宜兴市人民政府副市长(挂职)杨延安排我为该书写序,恭敬不如从命,我抱着学习的态度,动起了笔。

秋菊堪餐,春兰可佩。草木有本心,遵时而荣,循期而枯,对于气候、水土具备很强的适应能力和改善能力,是无数诗人吟咏、哲人思索的题材。亲近草木,能感悟生命;保护生态,能实现人与自然和谐共生。《荆溪草木情》一书,记录了宜兴常见的各类野生和栽培植物,融自然科学和人文历史于一体,向外界展示了宜兴繁盛的草木、优越的生态,有利于人们更加珍惜良好自然禀赋、深入推进生态文明建设。

宜兴地处江南,毗邻太湖,境内"三山、两水、五分田"。漏湖汍水、溪水淙淙,城区山在城中、城在水中,乡村有近80万亩农田、20万亩竹海、7.5万亩茶洲,山林野趣、鸟语花香,素有"阳羡山水甲江南"的美誉。得天独厚的生态资源、千姿百态的芳草佳树,使李白、苏东坡、朱熹、唐寅、文徵明、陈维崧、董其昌、袁枚、郭沫若等一大批文化名家流连忘返,寄情阳羡山水,为宜兴留下了一笔丰厚的文化积淀。近年来,宜兴人民在市委市政府的领导下,坚持以习近平生态文明思想为指导,依托乡村振兴战略,深入践行"两山"理论,努力推动生态资源与城市、旅游、文化互促共融,加快展现全省生态保护引领区的现实模样。

科技镇长团作为建设发展宜兴的一支重要力量,不仅在开展招才引智、搭建科创载体、推进创新创业等方面深入实践,而且在挖掘城市内涵、提炼特色优势、加强宣传推介等方面，为宜兴提供了不少帮助。此次，宜兴市第十二批科技镇长团整理编著《荆溪草木情》，便是挖掘宜兴生态优势、宣传宜兴生态文化的生动体现，对于加强自然资源保护、深化生态文明建设，具有重要意义。希望该书的出版，能让各位读者深入了解宜兴的生态资源和人文底蕴，推动广大海内外朋友更好地认识宜兴、喜爱宜兴、走进宜兴。

当前，宜兴正围绕打造"宁杭生态经济带新兴中心城市、苏浙皖交界区域性中心城市"的目标定位，积极抢抓长三角一体化发展、锡宜产业协同发展、无锡建设全国性综合交通枢纽、建设生态保护引领区、实施乡村振兴战略"五大机遇"，朝着高水平全面建成小康社会、争当全省高质量发展领跑者的目标阔步前行。此书出版，有助于我们依托科技镇长团的创新资源和智力优势，深入挖掘和充分利用宜兴丰富的自然文化资源，持续推进生态建设、乡村振兴、文化发展等工作，为建设"强富美高"新宜兴作出更大贡献。

宜兴市政协常委
无锡市经济学会文化分会会长
2020年6月

宜兴依山傍水，历史悠久，古称荆溪、阳羡，素以山青、水秀、洞奇、石美闻名于中外。丛竹涧花，山水缠绵，宜兴是典型的江南鱼米之乡；竹海茶洲，洞天福地，宜兴也是游目骋怀，登临感兴的佳地；一门七博士，父子双院士，宜兴更是人才辈出的灵地。在历史的变迁、岁月的轮回中，灵山和秀水赋予了宜兴厚重的人文气息，这里的一花一草、一树一木仿佛都有说不完的故事、道不尽的情怀。

"物华天宝，人杰地灵"是王勃赞美滕王阁的名句，若借用来形容宜兴的风采，也是恰如其分的。在历史上，秀美的宜兴山水曾惹得南宋诗人曾几"观山观水都废食"，更是令东坡先生发下宏愿，要"买田阳羡"，终老此乡。几十年来，从最北的漠河到海南的三亚，从浙江的嵊泗到新疆的昭苏，我到过祖国数不清的景色各异、魅力独具的地方，但对于宜兴，总是有一种难以割舍的情愫，故地重游每每都会有新的发现、新的感受。

进入新时代，在习近平新时代中国特色社会主义思想指引下，宜兴聚焦人民对美好生活的向往，深入实施产业强市、乡村振兴两大战略，着力推进高质量发展，经济愈加繁荣，社会愈加和谐。尤其值得一提的是，作为江苏山水资源禀赋最好的地区之一，宜兴在发展经济的同时，也在全力建设生态保护引领区，探索走出了一条经济发展与生态保护协调共进的文明发展之路，成为美丽中国的"宜兴样板"。

宜兴市第十二批科技镇长团精心编写的《荆溪草木情》，不仅生动描绘出宜兴景美物博的姿态风采，更是由一个生动的侧面展现了宜兴改革发展进程中积淀的宝贵经验。该书的出版，既为读者更好走近宜兴、了解宜兴、研究宜兴提供了新参考，又与正在推进的生态文明建设和绿色转型发展相呼应。"勿忘初心，莫负春光"，我衷心希望宜兴能更好地顺应我国生态文明建设新形势、破解转型发展难题、满足人民群众对美好生活的期盼，成为"绿水青山就是金山银山"的生动实践。我也相信，荆溪草木必将更加繁茂，宜兴发展必将更加精彩。

江南大学马克思主义学院院长

江南文化研究院执行院长

2020年6月

目录

序 1 1

序 2 1

古木名植

银缕梅 2
银杏 4
榉树 6
苦槠 8
青冈 10
黄杨 12
木犀 14

蜡梅 16
圆柏 18
罗汉松 20
秤锤树 22
红毒茴 24
金钱松 26
麻栎 28

茶 30
毛竹 32
百合 34
蕙兰 36
栗 38
南烛 40

绿野山林

马兰 44
荠 46
苎麻 48
拟鼠麹草 50
蒲公英 52
野艾蒿 54

鸡腿堇菜 56
刻叶紫堇 58
广布野豌豆 60
蓬蘽 62
满山红 64
香椿 66

樟 68
杉木 70
乌桕 72
楝 74

淡滨水生

莲 78	华夏慈姑 90	芦竹 102
莼菜 80	水芹 92	垂柳 104
芡实 82	睡莲 94	池杉 106
欧菱 84	荇菜 96	水杉 108
茭 86	菹草 98	
荸荠 88	芋 100	

农桑衣食

稻 112	桑 130	花椰菜 148
普通小麦 114	柑橘 132	南瓜 150
欧洲油菜 116	萝卜 134	豇豆 152
草莓 118	旱芹 136	蚕豆 154
葡萄 120	白菜 138	韭 156
兔眼越橘 122	青菜 140	葱 158
杨梅 124	甘蓝 142	芫荽 160
桃 126	番茄 144	
枇杷 128	辣椒 146	

本草品汇

海金沙 164	韩信草 174	杜衡 184
贯众 166	活血丹 176	枸杞 186
黄堇 168	接骨草 178	醉鱼草 188
蕺菜 170	紫花前胡 180	鸡矢藤 190
紫花香薷 172	千里光 182	何首乌 192

葛..................194	玉竹..................198	
天南星..................196	菝葜..................200	

庭 园 缤 纷

杜鹃..................204	南天竹..................232	雪松..................260
牡丹..................206	八角金盘..................234	日本五针松..................262
月季花..................208	石楠..................236	侧柏..................264
金钟花..................210	女贞..................238	紫荆..................266
火棘..................212	绣球荚蒾..................240	紫藤..................268
野迎春..................214	紫丁香..................242	蔓长春花..................270
红花檵木..................216	梅..................244	白车轴草..................272
木芙蓉..................218	西府海棠..................246	一串红..................274
山茶..................220	鸡爪槭..................248	万寿菊..................276
花叶青木..................222	日本晚樱..................250	百日菊..................278
栀子..................224	玉兰..................252	秋英..................280
含笑花..................226	紫叶李..................254	碧冬茄..................282
海桐..................228	枫香树..................256	
阔叶十大功劳..................230	合欢..................258	

参考文献..................284
宜兴常见植物名录..................285
后记..................300

古木名植

宜兴地区珍稀植物资源丰富，不仅拥有国家一级保护植物银缕梅，还有银杏、榉树、黄杨、罗汉松、秤锤树等众多古木名植。它们或高耸挺立，或可爱俏丽，均别具风韵。「天子未尝阳羡茶，百草不敢先开花」，宜兴的茶不但自古享有盛名，而且文化悠久深厚，传延千古。竹海绵延，苍山叠翠，清幽深邃，络绎不绝。黝绿的南烛，乳色的百合，毛茸的板栗，无不彰显出宜兴优美的生态、丰饶的物产和深厚的文化底蕴。

银缕梅

学名：*Parrotia subaequalis*

别名：脱皮榆　单氏木

科属：金缕梅科　银缕梅属

小落叶乔木。树皮呈不规则斑块状剥落。叶薄革质，倒卵形，入秋变红。近头状花序生于当年枝的叶腋内，花无花梗，花丝细长，银白色。蒴果近圆形，种子纺锤形。花期3月。

分布于我国江苏宜兴、浙江、安徽等地，生于丘陵坡下、谷旁的杂木次生林中。

木质坚硬，结构细密，纹理通直，常作珍贵细木工。树姿古朴，花朵奇特，是珍稀的园林景观树种之一。

银缕梅，又称"单氏木"，距今约有6 500万年的历史，被国际自然保护联盟列为极度濒危物种，是国家一级重点保护的野生植物，具有极高的学术研究价值。

银 杏

学名：*Ginkgo biloba*

别名：白果树　公孙树

科属：银杏科　银杏属

落叶乔木。树干通直，皮灰褐色。叶具叉状细脉，扇形，有长柄，可药用。雌雄异株，雄球花柔荑花序。种子具长梗，下垂，常为椭圆形；外种皮肉质，中种皮骨质。花期3—4月，果期9—10月。

我国各地广泛栽培。野生银杏树，仅见于浙江天目山。

银杏系我国特产的孑遗稀有树种，秋叶金黄，是广泛栽培的观赏树种。

宜兴周铁镇城隍庙有一棵古银杏，相传为孙权母亲亲手所栽，距今已有1 800多年的历史。太华山九峰禅寺和湖汶镇寂照寺的银杏树树龄也均在千年以上。深秋时节，白果巷、氿滨公园和龙池山是观赏银杏的最佳之地。

> 深灰浅火略相遭，小苦微甘韵最高。
> 未必鸡头如鸭脚，不妨银杏伴金桃。
> ——宋·杨万里《德远叔坐上赋肴核八首·银杏》

榉 树

学名：*Zelkova serrata*

别名：光叶榉　鸡油树

科属：榆科　榉属

落叶乔木。树皮光滑,灰色。叶厚纸质,卵形、椭圆形或卵状披针形,先端渐尖,边缘具圆齿状锯齿。核果。花期4月,果期10—11月。

分布于我国江苏、安徽、浙江等地,常生于溪间、水旁、坡地的疏林中。

树形挺拔,秋季叶呈黄色、红色,是重要的园林绿化树种。木材致密坚硬,纹理美观,耐腐力强,是制作家具、器械的上等木材。树皮是制人造棉、绳索和造纸的良好原料。

宜兴可见百年榉树。民居门前喜种榉,寓"中举"之意。

闻道幽栖野思饶,径无尘迹草萧萧。
长松架壑因为屋,老榉横溪便作桥。
——宋·释文珦《寄山中友人·闻道幽栖野思饶》(节选)

苦 槠

学名：*Castanopsis sclerophylla*

别名：槠栗　苦槠子

科属：壳斗科　锥属

常绿乔木。树皮深灰色。叶革质，椭圆状卵形或椭圆形。壳斗杯形。坚果近圆球形。花期4—5月，果期10—11月。

分布于我国长江以南、五岭以北地区，生于向阳干旱处，较耐寒。

观赏价值很高，可庭园栽植或造林。木材致密，耐湿抗腐，是建筑和家具的优良用材。枝丫为优良的食用菌栽培基质。果实富含淀粉，脱涩后，可加工成豆腐、粉丝、粉皮和糕点等食品。

谷口松杉相和鸣，山蹊诘曲少人登。
苦槠一树猿偷尽，懊杀庵居老病僧。

——宋·释文珦《谷中》

青 冈

学名：*Cyclobalanopsis glauca*

别名：青冈栎　铁稠

科属：壳斗科　青冈属

常绿乔木。树皮光滑，灰褐色。叶革质，叶缘中部以上有疏锯齿。花序腋生。坚果长卵形，壳斗碗状。花期4—5月，果期10月。

分布于我国江苏、陕西、安徽等地，生于海拔60～2 600米的坡地或沟壑。

重要的园林绿化和经济用材树种。种子可作饲料和酿酒。树皮、壳斗可提取栲胶。

黄 杨

学名：*Buxus sinica*

别名：黄杨木　瓜子黄杨

科属：黄杨科　黄杨属

常绿灌木或小乔木。枝有纵棱，灰白色。叶革质，阔倒卵形。花密集，花序腋生。蒴果近球形。花期3月，果期9—10月。

分布于我国浙江、安徽、江西等地，生于林下、溪边和山谷。

叶片常绿，生长缓慢，多用于盆景和园林。木质细腻，多用于镶嵌或雕刻精细的高档作品。

宜园的黄杨至今已有130多年树龄。

黄杨性坚贞，枝叶亦刚愿。
三十六旬久，增生但方寸。
今何成修林，左右映烟蔓。
良材岂一二，所期先愈钝。

——宋·李鹰《黄杨林诗》

木 犀

学名：*Osmanthus fragrans*

别名：桂花

科属：木犀科　木犀属

常绿乔木或灌木。树皮灰褐色。叶革质，椭圆形或长椭圆形。聚伞花序簇生于叶腋。花极芳香，花冠黄色、白色或橘红色，成熟果实为紫黑色。花期9—11月上旬，果期翌年3—4月。

原产于我国西南部地区，现其他地区亦有栽培。

终年常绿，芳香四溢，是庭院、公园优良的绿化植物。花含多种香料物质，可食用或提取香料。花、果和根均可入药。

每年秋季，宜兴有采桂花的传统，桂花可用于酿蜜、制桂花藕粉、桂花糖芋头、桂花糕等传统甜点。宜兴青云巷3号瀛园和通贞观巷9号太平天国辅王府的木犀树至今已有200多年树龄。

丹桂迎风蓓蕾开，摘来斜插竟相偎。

清香不与群芳并，仙种原从月里来。

——宋·楚娘《桂花》

蜡 梅

学名：*Chimonanthus praecox*

别名：金梅　腊梅

科属：蜡梅科　蜡梅属

落叶灌木，常丛生。先花后叶，叶椭圆状卵形至卵状披针形。蒴果椭圆形。花期11月至翌年3月，果期6月。

分布于我国江苏、山东、湖北等地，生于山坡林中。

花色如蜡，芳香四溢，是我国传统的观赏园林花木。花可制茶，或提炼高级香料。根、叶、花均可入药。

宜兴青云巷3号瀛园的古蜡梅树至今已有200多年树龄。

旦评人物尚雌黄，草木何妨定短长。

试问清芳谁第一，蜡梅花冠百花香。

——宋·潘良贵《蜡梅三绝》之二

圆 柏

学名：*Juniperus chinensis*

别名：桧柏　刺柏

科属：柏科　刺柏属

常绿乔木。树皮深灰色，纵裂。叶二型，即刺叶与鳞叶。雌雄异株，稀同株，雄球花黄色。球果近圆球形，暗褐色，被白粉或白粉脱落。花期5月，果期9—10月。

分布于我国内蒙古、江苏、浙江等地。

树形优美，姿态奇古，可作绿化观赏树和盆景。木材淡褐红色，有香气，用途广泛。树根、树干及枝叶可提取柏木油，其中枝叶可入药，种子可提炼润滑油。

宜兴人民广场上的圆柏至今已有260多年树龄。

盆山高叠小蓬莱，桧柏屏风凤尾开。

绿绕金阶春水阔，新分一派御沟来。

——宋·王珪《宫词》

罗汉松

学名：*Podocarpus macrophyllus*

别名：罗汉杉　土杉

科属：罗汉松科　罗汉松属

常绿乔木。叶条状披针形。雄球花穗状、腋生，雌球花单生叶腋。种子熟时紫黑色，被白粉。花期4—5月，果期8—9月。

分布于我国福建、云南、贵州等地，生于海拔150～800米的路边与沟谷阔叶林中。

树形优美，冬夏常绿。深秋季节，绿色种子衬以红色种托缀满树冠，倍加秀丽，是常用的园林绿化与寺院观赏树种。材质致密，富含油脂，能耐水湿且不易受虫害，可供家具、工艺雕刻、乐器、建筑等用材。

宜兴储氏家祠的经畲堂、湖㳇镇张阳村及通贞观巷9号太平天国辅王府的罗汉松，绿叶繁茂，树龄较长。其中太平天国辅王府中的罗汉松至今已有200多年树龄。

日望南云泪湿衣，家园梦想见依稀。
短墙曲巷池边屋，罗汉松青对紫薇。

——明·赛涛《忆家园一绝》

秤锤树

学名：*Sinojackia xylocarpa*

别名：秤砣树

科属：安息香科　秤锤树属

落叶小乔木。叶纸质，倒卵形或椭圆形，先端尖，基部楔形，边缘具锯齿状，两面叶脉被星状毛，侧脉5～7对。花梗纤细，花瓣5片，白色。果卵形，红褐色，形似秤锤。花期3—4月，果期7—9月。

分布于我国江苏、湖北等地，生于海拔100～800米的疏林中。

中国特有的一种优良的观赏树种，属国家二级保护濒危树种。

红毒茴

学名：*Illicium lanceolatum*

别名：红茴香　大茴香

科属：五味子科　八角属

常绿灌木,稀小乔木。树皮浅,叶革质,倒卵状椭圆形。花蕾球形,花被肉质,红色。聚合果,蓇葖10～16枚。花期3—4月,果期8—10月。

分布于我国江苏、安徽、浙江以南等地。

叶绿花红,可作观赏树种。果有剧毒,根可入药。

邻家争插红紫归,诗人独行嗅芳草。

丛边幽蠹更不凡,蝴蝶纷纷逐花老。

——宋·黄庭坚《和柳子玉官舍十首·茴香》

金钱松

学名：*Pseudolarix amabilis*

别名：金松　水树

科属：松科　金钱松属

落叶乔木。树干通直，树皮灰褐色。叶片条形，在长枝上呈螺旋状散生，在短枝上呈多枚簇生，辐射平展呈圆铜钱状，秋后变金黄色。花期4月，果期10月。

分布于我国江苏南部、浙江、安徽等地，生于海拔100～1 500米的针叶、阔叶林中。

世界五大庭园观赏树种之一。木材可作建筑、家具等用材，种子可榨油。

亭亭山上松，瑟瑟谷中风。

风声一何盛，松枝一何劲。

——魏晋·刘桢《赠从弟》（节选）

麻 栎

学名：*Quercus acutissima*

别名：栎　橡碗树

科属：壳斗科　栎属

落叶乔木。树皮深灰褐色。叶常为长椭圆状披针形，叶缘有刺芒状锯齿。坚果椭圆形或卵形，顶端圆形。花期3—4月，果期翌年9—10月。

分布于我国江苏、辽宁、河北等地，生于山地阳坡。

绿化造林树种，木材坚硬，耐腐朽，可供建筑和家具等用材。叶可饲柞蚕。种子可作饲料和工业用淀粉。树皮、壳斗可提取栲胶。果实及树皮、叶可入药。

槲栎非时用，悠悠任散材。

自归孤嶂下，已是十年来。

——宋·释文珦《槲栎》（节选）

茶

学名：*Camellia sinensis*

别名：茗　茶树

科属：山茶科　山茶属

常绿灌木或小乔木。叶革质，长圆形或椭圆形，叶脉下陷，边缘有锯齿。花白色，花瓣阔卵形，花丝多数。蒴果3球形或1～2球形。花期10月至翌年2月，果期8月。

分布于我国长江以南地区。

世界三大饮料之一，有保健功效。宜兴茶叶集中分布在南部丘陵山区。古时宜兴就以产"阳羡贡茶"而著称于世，如今更是江苏重要的茶叶基地，湖㳇镇、张渚镇、太华镇、丁蜀镇等有多个阳羡茶产业园基地，已形成了以红茶、绿茶、白茶等多品种，以针形、卷曲形、扁形等多形态为特点的生产格局。如今，宜兴"阳羡茶"已获得国家地理标志证明商标，其制作技艺被列入无锡市级非物质文化遗产名录。宜兴的茶文化与紫砂艺术完美结合，交相辉映，享誉中外。

天子须尝阳羡茶，百草不敢先开花。

仁风暗结珠琲瓃，先春抽出黄金芽。

——唐·卢仝《走笔谢孟谏议寄新茶》（节选）

毛 竹

学名：*Phyllostachys edulis*

别名：楠竹　茅竹

科属：禾本科　刚竹属

常绿乔木状竹类。竿高可达20多米，粗可达20多厘米。叶披针形，花枝穗状。4月笋期，从出笋到成竹只需两个月左右，多年生长。花期5—8月，一次开花结果后即死亡。

分布于我国长江以南地区。

毛竹叶翠、四季常青，经霜不凋，是中国栽培历史悠久、面积最广、经济价值很高的重要竹种。连绵不绝的山地竹林，形成壮观的竹海景观。可作建筑、编织等用材。

宜兴盛产竹，是江苏省最大的竹制品基地，素有"竹的海洋"的美誉。毛竹笋是宜兴的一种地方特产，鲜嫩可口，且涩味少，春笋和冬笋俱是佳品。

天地有此山，植此毛竹久。
我本山中人，清风振千古。

——宋·桑文炳《毛竹山》

百 合

学名：*Lilium brownii* var. *viridulum*

别名：山丹　百合花

科属：百合科　百合属

多年生草本植物。鳞茎球形，淡白色，先端常开放，状如莲座。茎直立，叶倒披针形。花喇叭形，乳白色。蒴果矩圆形。花期5—6月，果期9—10月。

分布于我国湖南、浙江、安徽等地。

花色洁白，花姿雅致，可供庭园观赏。鳞茎富含淀粉，可食用和药用，具有润肺止咳、补中益气等功效。

宜兴百合，又名卷丹，素有"太湖之参"的美称，是我国三大食用百合之一，品质上乘，可制作饮料、点心或入馔炒食，口感清香滑糯，药用价值高。

方石斛栽香百合，小盆山养水黄杨。

老翁不是童儿态，无奈庵中白日长！

——宋·陆游《龟堂杂兴》之五

蕙 兰

学名：*Cymbidium faberi*

别名：中国兰　夏兰

科属：兰科　兰属

多年生草本植物。假鳞茎不明显。叶带形。花葶稍外弯，花序多具5～11朵。花淡黄绿色，唇瓣有紫红色斑。花期3—5月。

分布于我国陕西南部、甘肃南部、安徽、浙江等地，生于湿润但排水良好的透光处。

花蕾亮丽，花香飘溢，多作盆栽观赏。根皮可入药。

宜兴丁蜀镇是全国性蕙兰、春兰、墨兰培育与种植基地，定期开展有兰文化交流活动。

上国庭前草，移来汉水浔。

朱门虽易地，玉树有余阴。

艳彩凝还泛，清香绝复寻。

光华童子佩，柔软美人心。

惜晚含远思，赏幽空独吟。

寄言知音者，一奏风中琴。

——唐·刘禹锡《令狐相公见示新栽蕙兰二草之什兼命同作》

栗

学名：*Castanea mollissima*

别名：板栗　毛栗

科属：壳斗科　栗属

落叶乔木。树皮纵裂,叶椭圆至长圆形。雄花序细长。成熟壳斗有锐刺,坚果2～3粒。花期4—6月,果期8—10月。

原产于我国,现分布于我国南北各地。

我国栗的年产量居世界首位,是最早的食用坚果之一。栗肉质细密,香甜适口,可炒食和菜用,亦可制作糕点。

宜南山区的板栗久负盛名,以香糯甘酥见长,具有健脾益气等功效。

齿根浮动叹吾衰,山栗炮燔疗夜饥。
唤起少年京辇梦,和宁门外早朝来。

——宋·陆游《夜食炒栗有感》

南 烛

学名：*Vaccinium bracteatum*

别名：乌饭叶　乌饭树

科属：杜鹃花科　越橘属

常绿灌木或小乔木。叶薄革质，椭圆形，边缘有细锯齿。总状花序顶生和腋生，花冠白色、筒状。浆果成熟时呈紫黑色。花期5—6月，果期8—10月。

分布于我国华东、华中、华南等地。

南烛叶是南烛可食用的部分，俗称乌饭叶。乌饭叶汁液可制乌米饭，亦可作药用，有抗氧化、延衰老、降血糖等功效。

以南烛叶捣汁制作乌米饭，是宜兴的民间传统习俗。宜兴乌米饭如今已被列入无锡市级非物质文化遗产名录。

> 乌饭新炊芼臛香，道家斋日以为常。
> 月苗杯举存三洞，云蕊函开叩九章。
> ——唐·陆龟蒙《四月十五日道室书事寄袭美》（节选）

绿野山林

宜兴山野乡间蕴藏着丰富的野生植物资源,香椿在和煦的春风里散发出淡淡的香味,蒲公英如雪花般在空中轻盈舞动,艾草的香气令人神清气爽……山野乡间到处弥漫着馨香和生机。它们多数可以被宜兴人当作野菜食用,或凉拌、或炒食……是宜兴人舌尖上的美食,让宜兴人在品味美食的同时也体味到乡村生活的质朴和美好。

马 兰

学名：*Aster indicus*

别名：紫菊　马兰菊

科属：菊科　紫菀属

俗称"马兰头",多年生草本植物。茎直立,叶倒披针形、倒卵状矩圆形。头状花序排列成疏伞房状,舌状花浅紫色。花期5—9月,果期8—10月。

分布于我国江苏、江西、河南及山西南部等地。

幼嫩茎叶常作蔬菜食用,宜兴人的吃法主要以凉拌为主。全草可入药,有清热解毒等功效。

离离幽草自成丛,过眼儿童采撷空。
不知马兰入晨俎,何似燕麦摇春风?
———宋·陆游《戏咏园中春草》之一

荠

学名：*Capsella bursa-pastoris*

别名：荠荠菜　地丁菜

科属：十字花科　荠属

一年或二年生草本植物。基生叶大头羽状分裂，茎生叶披针形。总状花序顶生及腋生，花瓣白色。花果期4—6月。

分布于我国各地山野田间。

嫩茎叶清香鲜美，营养丰富，常被人作蔬菜食用。全草可入药，有清热凉血等作用。

宜兴人喜食荠菜馄饨、荠菜团子、荠菜春卷等。

山远近，路横斜，青旗沽酒有人家。
城中桃李愁风雨，春在溪头荠菜花。
——宋·辛弃疾《鹧鸪天·陌上柔桑破嫩芽》（节选）

苎麻

学名：*Boehmeria nivea*

别名：野麻　青苎麻

科属：荨麻科　苎麻属

落叶亚灌木或灌木。叶互生，叶片草质，圆卵形或宽卵形，下表面密被雪白毡毛。圆锥花序腋生。瘦果近球形。花期8—10月，果期9—11月。

分布于我国长江以南以及河南、陕西、甘肃等地，生于山沟、道旁或屋旁荫湿地。

嫩茎叶可食，民间称"绿苎头"，多用其制作糕点。嫩叶可养蚕、作饲料，根、叶可入药。苎麻纤维品质高，是优质的纺织原料。此外，因其根系发达，固土力强，还具有水土保持、减少土壤侵蚀量等生态作用。

宜兴人有吃团子的习俗，经常制作的主要有青团和白团。苎麻叶是制作青团的常用原料之一。如今，宜兴绿苎头团子制作技艺，已被列为无锡市级非物质文化遗产名录。

> 粉色全无饥色加，岂知人世有荣华。
> 年年道我蚕辛苦，底事浑身着苎麻。
>
> ——唐·杜荀鹤《蚕妇》

拟鼠麹草

学名：*Pseudognaphalium affine*

别名：鼠曲草　清明菜

科属：菊科　拟鼠麹草属

一年生草本植物。茎高20～30厘米，茎叶被白色厚棉毛，叶倒卵状匙形。花淡黄色。花期1—4月，果期8—11月。

分布于我国华北以南等地区，生于山坡、旷野、路边，尤以田边常见。

春季幼苗或嫩株开水烫后可食，民间有清明前后采集鼠曲草制作习俗食品的传统。全草味甘，性平，无毒，可入药，具有镇咳祛痰、清热消炎等功效。

> 我常常想到人的一生，
> 便不由得要向你祈祷。
> 你一丛白茸茸的小草，
> 不曾辜负了一个名称；
>
> 但你躲避着一切名称，
> 过一个渺小的生活，
> 不辜负高贵和洁白，
> 默默地成就你的死生。
>
> 一切的形容、一切喧嚣到你身边，
> 有的就凋落，
> 有的化成了你的静默：
>
> 这是你伟大的骄傲，
> 却在你的否定里完成。
> 我向你祈祷，为了人生。
>
> ——现代·冯至《鼠曲草》

蒲公英

学名：*Taraxacum mongolicum*

别名：蒲公草　婆婆丁

科属：菊科　蒲公英属

多年生草本植物。叶长圆状披针形。头状花序，舌状花黄色。瘦果倒卵状披针形。花期4—9月，果期5—10月。

分布于我国各地，生于中、低海拔地区的山坡草地、路边、田野、河滩。

含有蒲公英醇、蒲公英素等营养物质，可作野菜。全草可入药，具有消炎清热、解毒退肿等功效。

野艾蒿

学名：*Artemisia lavandulaefolia*

别名：野艾　小叶艾

科属：菊科　蒿属

多年生草本植物。茎直立，被密短毛。叶一至二回羽状分裂。花序头状，花冠狭管状，紫红色。花果期8—11月。

分布于我国各地，生于路旁、山坡、草地、灌丛等处。

嫩苗可作蔬菜食用或腌制酱菜，鲜草作饲料。全草既可提制精油，亦可入药，有理气行血等功效。

河上人家插艾蒿，纷纷炊黍荐香醪。

客怀寥落真无那，暮雨孤舟读楚骚。

——元·周权《端午》

鸡腿堇菜

学名：*Viola acuminata*

别名：走边疆

科属：堇菜科　堇菜属

多年生草本植物。叶心形或卵状心形。花淡紫色，或近白色，花梗长。蒴果椭圆形。花果期5—9月。

分布于我国江苏、安徽、浙江等地，生于林下、灌丛、林缘和山坡等处。

嫩叶可作蔬菜。全草可入药，有清热解毒的功效。

刻叶紫堇

学名：*Corydalis incisa*

别名：地锦苗　断肠草

科属：罂粟科　紫堇属

灰绿色直立草本植物。根茎短而肥厚，椭圆形。叶具长柄，基部鞘。花紫红色或紫色，偶有淡蓝色或白色。花期3—4月，果期5—6月。

分布于我国江苏、浙江、福建等地，生于海拔1 800米以下的林缘、疏林或沟谷。

全草可入药，内含刻叶紫堇胺等多种生物碱，有解毒杀虫和疗疮癣等功效。

广布野豌豆

学名：*Vicia cracca*

别名：鬼豆角　落豆秧

科属：豆科　野豌豆属

多年生草本植物。株体高40～150厘米。茎攀援或蔓生，被柔毛。偶数羽状复叶，小叶5～12对互生，线形或长圆形。总状花序，10～40密集偏向一面向生于总花序轴上部，花冠紫色或蓝紫色。花果期5—9月。

分布于我国各地，生于山坡及田间野地。

可作观赏性花卉，亦可作蔬菜和牧草。叶、花、果可入药，有清热解毒的功效。

> 豌豆斩新绿，樱桃烂熟红。
> 一年春色过，大半雨声中。
> 仆野伤饥殍，祈天愿岁丰。
> 有谁捐白粲，相伴减青铜。
>
> ——宋·舒邦佐《闻野有饥殍感叹》

蓬蘽

学名：*Rubus hirsutus*

别名：覆盆子

科属：蔷薇科　悬钩子属

落叶小灌木。枝红褐色或褐色。小叶3～5枚，卵形或宽卵形。花大，直径3～4厘米，白色。果实近球形，红色。花期4月，果期5—6月。

分布于我国河南、江苏、福建等地，生于路边和山沟等处。

果实含有丰富的营养物质，可食用。全株可入药，有消炎解毒等功效。

满山红

学名：*Rhododendron mariesii*

别名：山石榴　守城满山红

科属：杜鹃花科　杜鹃花属

落叶灌木。枝轮生。叶2～3片集生枝顶，通常为椭圆形。花常2朵顶生，先叶开花，花冠漏斗状，紫红色或略淡。蒴果椭圆状卵球形。花期4—5月，果期6—11月。

分布于我国河北、江苏、江西等地，生于海拔100～1500米的坡地。

繁花艳丽，根桩奇特，是优良的园林、盆景材料。叶及花含挥发油、杜鹃酮、薄荷醇等物质，具有止咳、祛痰、平喘的功效。

兰舟泛泛漾轻风，十里桃花一望中。

疑是余霞天外落，不应花解满山红。

——宋·吴芾《和林大任三首》之二

香 椿

学名：*Toona sinensis*

别名：香椿铃　香椿芽

科属：楝科　香椿属

落叶乔木。树皮粗糙，深褐色偶数羽状复叶。花序圆锥状，花瓣白色。花期6—8月，果期10—12月。

分布于我国华北、华东、中部、南部和西南部地区，生于稀疏树林中。

优良的园林绿化树种和木材。树皮可造纸，果和皮可入药。香椿富含钙、磷、钾、钠等成分，具有补肾健胃等药用价值。嫩枝、叶、芽可食，口味独特，是多地喜爱的野菜。

宜兴人最常见的吃法是香椿炒鸡蛋和香椿鸡蛋饼。

溪童相对采椿芽，指似阳坡说种瓜。

想得近山营马少，青林深处有人家。

——金·元好问《游天坛杂诗五首》之三

樟

学名：*Cinnamomum camphora*

别名：香樟　樟木

科属：樟科　樟属

常绿乔木。叶互生，椭圆形，离基三出脉。圆锥花序腋生。花绿白或带黄色。果近球形，近黑色。花期4—5月，果期8—11月。

分布于我国南方及西南部地区，生于沟谷处。

城市园林绿化的优良树种。根、枝、叶及木材不仅可以用来提取樟脑和樟油，而且木材耐腐蚀、抗虫，多为家具和建筑用材。根、果、枝、叶可入药，有祛风散寒等功效。

樛枝平地虬龙走，高干半空风雨寒。
春来片片流红叶，谁与题诗放下滩。

——宋·舒岳祥《樟树》

杉 木

学名：*Cunninghamia lanceolata*

别名：杉　刺杉　木头树

科属：柏科　杉木属

乔木。树皮灰褐色，裂成长条片脱落。叶披针形，坚硬。球果卵圆形。通常花期为3—4月。

分布于我国长江流域、秦岭以南等地，是栽培极广的用材树种。

材质较软，细致，有香气，纹理直，易加工且耐腐力强，可供建筑、桥梁、造船、家具及木纤维工业原料等用。叶、皮、根均可入药。

杉树碧为幢，花骈红作堵。

停樽迟晚月，咽咽上幽渚。

——唐·杜牧《题池州弄水亭》（节选）

乌 桕

学名：*Sapium sebiferum*

别名：腊子树　桕子树　木子树

科属：大戟科　乌桕属

落叶乔木。叶多呈菱形或菱状卵形，叶柄纤细。花单性，雌雄同株聚集顶生。蒴果梨形。花期4—8月。

分布于我国黄河以南地区，生于旷野、塘边或疏林中。

可作观赏用，具有一定的经济价值。叶为黑色染料，可染衣物。蜡质层（假种皮）可制肥皂、蜡烛。种子油适用于涂料。根皮、树皮、叶可入药，有杀虫解毒、利尿通便等功效。

云起山容改，湖生浦面宽。
寒鸦先雁到，乌桕后枫丹。
年迈狐装帽，时新豆捣团。
非关嗜温饱，更事耐悲欢。

——宋·陆游《即事》

楝

学名：*Melia azedarach*

别名：苦楝树　楝树

科属：楝科　楝属

落叶乔木。树皮灰褐色，二至三回奇数羽状复叶。圆锥花序，花瓣紫色，芳香。种子椭圆形。花期4—5月，果期10—12月。

分布于我国黄河以南地区。

木质轻软，可作材用树种。果实、根皮、花、叶均可入药，有杀虫、疗癣等功效。果核仁油可制润滑油和肥皂等。

蒸入黄梅雨，寒收苦楝风。

团团羽葆盖，叠叠绣熏笼。

文锦财堪用，金铃实有功。

小畦留一树，斤斧幸相容。

——宋·舒岳祥《楝花》

渎滨水生

宜兴山环水抱,山在城外,城在水中,长江、太湖之水弯曲相拥,滆湖与「三氿」如玉镶嵌,孕育了大量的渎滨水生植物。垂柳婀娜多姿,水杉树影婆娑,江南地区常说的「水八仙」:莲、莼菜、芡实、菱、茭、荸荠、华夏慈菇及水芹,或亭亭玉立,或翠绿喜人,或雅韵芳洁,这些水生植物均具有很高的营养价值和经济价值。

莲

学名：*Nelumbo nucifera*

别名：荷花　莲花

科属：莲科　莲属

多年生水生草本植物。根状茎肥厚膨大。叶圆形边缘波状。花瓣红色、粉红色或白色。花期6—8月，果期8—10月。

分布于我国南北各地，自生或栽培在池塘或水田内。

我国十大名花之一，是常用的园林水景观赏植物。莲具有极高的药用及食用价值：藕、叶、莲蕊、莲房（花托）可入药，具有清热止血等功效；莲子有补脾止泻、养心益肾的功效；莲藕可作蔬菜食用或提取藕粉。

宜兴人爱吃莲藕，尤其爱吃糯米糖藕。如今的宜兴徐舍镇联星村是江苏省最大的莲藕种植基地。在莲藕产业的发展带动下，以"藕花节"为特色的乡村旅游项目已正式形成。

若耶溪傍采莲女，笑隔荷花共人语。

日照新妆水底明，风飘香袂空中举。

——唐·李白《采莲曲》（节选）

莼 菜

学名：*Brasenia schreberi*

别名：水案板

科属：莼菜科 莼菜属

多年生水生草本植物。根茎小，匍匐。叶二型，互生盾状。花小，单生叶腋。花瓣条形，暗紫色。花期6月，果期10—11月。

分布于我国江苏、浙江、江西等地，生于池塘、河湖或沼泽处。

富含丰富的胶质蛋白，营养可以和鱼髓蟹脂相提并论，是一种珍贵的蔬菜。嫩茎叶可食用，口感圆融，鲜美滑嫩。

江渚春风淡荡时。斜阳芳草鹧鸪飞。

莼菜滑，白鱼肥。浮家泛宅不曾归。

——宋·蒲寿宬《渔父词》

芡 实

学名：*Euryale ferox*

别名：鸡头米　鸡头莲

科属：睡莲科　芡属

一年生水生草本植物。沉水叶多箭形；浮水叶多盾状，椭圆形。叶柄及花梗粗壮，有硬刺。花瓣紫红色。种子球形，黑色。花期7—8月，果期8—9月。

分布于我国南北各地，生于池塘、湖沼中。

名贵的天然滋补食品，可入药，具有祛湿、止泻、补脾等功效。全草可作绿肥。

芡实遍芳塘，明珠截锦囊。

风流熏麝气，包裹借荷香。

——宋·姜特立《芡实》

欧 菱

学名：*Trapa natans*

别名：菱角　乌菱

科属：千屈菜科　菱属

一年生水生草本植物。叶二型、互生。花小，单生于叶腋。果实三角状菱形。花期5—10月，果期7—11月。

分布于我国黑龙江、江苏、广西等地水域。

形似元宝或牛角，壳薄肉厚，营养价值高。生吃甜脆爽口，清热止渴；熟食可益气健脾。果实可以酿酒、制作饮料。

野池水满连秋堤，菱花结实蒲叶齐。

川口雨晴风复止，蜻蜓上下鱼东西。

——唐·王建《野池》

茭

学名：*Zizania latifolia*

别名：茭瓜 茭白

科属：禾本菜科 菰属

多年生草本植物。根状茎匍匐。叶片扁平宽大，长50～90厘米。圆锥花序长30～50厘米。花期5—7月，果期8—10月。

分布于我国东北、华北、华中、华南、西南、中南部地区，水生或沼生，常见于人工栽培。

茎常被真菌感染而膨大，可食用，是一种美味蔬菜。颖果又称菰米，可入药，具有清热解毒等功效。

郧国稻苗秀，楚人菰米肥。
悬知倚门望，遥识老莱衣。
——唐·王维《送友人南归》（节选）

荸荠

学名：*Eleocharis dulcis*

别名：马蹄 水栗

科属：莎草科 荸荠属

多年生草本植物。匍匐根状茎瘦长。秆多数丛生，笔直细长，圆柱状，灰绿色，光滑无毛。叶鞘淡棕色，光滑无毛。小穗圆柱状。花果期5—10月。

分布于我国江淮以南地区，生于河沟和水田等地。

球茎富含淀粉，清甜无渣，脆爽适口，有"地下雪梨"的美誉，具有清热解毒、凉血生津、消食除胀、化湿祛痰等药用价值。生食味甜爽口，可做水果；熟食甜糯带脆，可煲甜汤或做肉丸。

仙溪剩得紫琅玕，风味仍同荔子看。

何似清漳霜后橘，野人还敢荐君盘。

——宋·陈宓《凫茈饷王丞》

华夏慈姑

学名:*Sagittaria trifolia* subsp. *leucopetala*

别名:茨菇　慈姑

科属:泽泻科　慈姑属

多年生水生或沼生草本植物。植株高大，粗壮。叶片戟状箭形。圆锥花序，高大，长20～60厘米。花白色。种子褐色，有小凸起。花期7—9月，果期9—11月。

分布于我国长江流域及其以南地区。

作蔬菜食用，有防止贫血等功效。因和油脂一起炒食可去除苦涩，所以又被称为"嫌贫爱富菜"。

慈姑烧肉和油氽慈姑片是宜兴人最常见的吃法。

家池动作经旬别，松竹琴鱼好在无。
树暗小巢藏巧妇，渠荒新叶长慈姑。
——唐·白居易《履道池上作》（节选）

水 芹

学名：*Oenanthe javanica*

别名：水芹菜　野芹菜

科属：伞形科　水芹属

多年生草本植物。茎直立或基部匍匐。叶片一至二回羽状分裂。复伞形花序顶生。花瓣白色。花期6—7月，果期8—9月。

分布于我国各地，生于水塘、沟渠和湿地等处。

富含蛋白质、多种维生素、矿物质、粗纤维，其嫩茎及叶柄鲜嫩，可作蔬菜食用。水芹含有水芹素等生物活性物质，具有降压等功效。

宜兴万石镇后洪村大力发展水芹种植，是远近闻名的"水芹村"。

沙砌落红满，石泉生水芹。

幽篁画新粉，蛾绿横晓门。

——唐·李贺《兰香神女庙（三月中作）》（节选）

睡 莲

学名：*Nymphaea tetragona*

别名：子午莲　白睡莲

科属：睡莲科　睡莲属

多年生水生草本植物。根状茎短粗，叶卵状椭圆形。花直径3～5厘米，花梗细长，花瓣白色。种子椭圆形，黑色。花期6—8月，果期8—10月。

分布于我国各地，生于池沼中。

多作园林水体观赏植物。叶、花粉富含氨基酸、锌等多种营养成分，具有一定开发价值。此外，可吸附重金属、净化水质，对环境有修复功能。

宜兴龙背山森林公园和杨巷镇革新村是观赏睡莲的绝佳之处，那里的睡莲艳丽妩媚，玉洁冰清，粉蕊摇曳，清香袭人。

脸腻香薰似有情，世间何物比轻盈。
湘妃雨后来池看，碧玉盘中弄水晶。

——唐·郭震《莲花》

荇 菜

学名：*Nymphoides peltata*

别名：莕菜　凫葵

科属：睡菜科　荇菜属

多年生水生草本植物。叶片浮水，近圆形。花冠金黄色。蒴果椭圆形，种子褐色。花果期4—10月。

分布于我国各地，生于池塘或湖边。

叶色碧绿，花朵鲜黄，常用作点缀庭院的水景。茎、叶柔嫩多汁，可食用，具有清热利尿等功效。

荇叶光于水，钩牵入远汀。

浅黄双蛱蝶，五色小蜻蜓。

老死怀江女，飘浮笑楚萍。

西风莫苦急，孤蕊有余馨。

——宋·梅尧臣《荇》

菹 草

学名：*Potamogeton crispus*

别名：札草　虾藻

科属：眼子菜科　眼子菜属

多年生沉水草本植物。茎稍扁,多分枝。叶长条形,叶缘波状,叶脉3～5条,平行。穗状花序顶生,花小,被片4片,淡绿色。花果期4—7月。

分布于我国南北各地,生于水沟、池塘、稻田中。

可作草食性鱼类饵料。

芋

学名：*Colocasia esculenta*

别名：芋艿　芋头

科属：天南星科　芋属

湿生草本植物。根茎粗，近直立。叶卵圆形，长25～50厘米。佛焰苞长15～20厘米。肉穗花序长13～15厘米。花期5月，果期9—11月。

原产于亚洲热带地区，现我国南北各地广泛栽培。

块茎富含淀粉，可熟食或制粉，既是蔬菜，也是粮食，具有健脾消食、改善免疫力等功效。

糖芋头是宜兴著名的特色小吃，香郁适口，软韧滑爽，馅味鲜洁，为时令佳味。

经霜收芋美，带雨接花成。

前日邻翁至，柴门扫叶迎。

——宋·司马光《闲居呈复古》（节选）

芦 竹

学名：*Arundo donax*

别名：荻芦竹　江苇

科属：禾本科　芦竹属

多年生植物。根状茎发达。秆高3～4米，粗大，直立。叶片扁平，抱茎。圆锥花序极大型，颖果细小黑色。花果期9—12月。

分布于我国长江以南地区，生于池塘和水沟旁。

常被用作水景园林背景绿化和庭院观赏。秆是制纸浆、人造丝、管乐器中簧片及沼气生产的原料。幼嫩枝叶富含粗蛋白质，是良好的青饲料。根茎、嫩芽可入药。

错错在禅庭，高宜与竹名。

健添秋雨响，乾助夜风清。

——唐·齐己《禅庭芦竹十二韵呈郑谷郎中》（节选）

垂 柳

学名：*Salix babylonica*

别名：垂丝柳　垂杨柳

科属：杨柳科　柳属

落叶乔木。枝细,下垂。叶狭披针形。花序先叶开放,或与叶同时开放。花期3—4月,果期4—5月。

分布于我国华北以南地区。

树姿优美,枝条细长倒垂,生长迅速,可作庭荫树、行道树、公路树,是固堤护岸的重要树种。木材质轻,可供制家具、编筐。树皮富含鞣质,可提制栲胶。

绊惹春风别有情,世间谁敢斗轻盈。
楚王江畔无端种,饿损纤腰学不成。

——唐·唐彦谦《垂柳》

池 杉

学名：*Taxodium distichum* var. *imbricatum*

别名：池柏　沼落羽松

科属：柏科　落羽杉属

落叶高大乔木。主干挺直，树干基部膨大，树皮褐色、纵裂。叶钻形，微内曲。果实圆球形。花期3—4月，果期10—11月。

原产于北美东南部地区，现我国黄河以南部分地区亦有栽培。

树形婆娑，秋叶棕褐色，可作行道树，是重要的园林观赏树种。木材结构致密，是优质的用材。

水 杉

学名：*Metasequoia glyptostroboides*

别名：水桫

科属：柏科　水杉属

落叶乔木。树体最高可达35米。树干基部常膨大。叶窄条形。球果卵球形，多下垂。花期3月中旬，果期11—12月。

原产于我国重庆、湖北，现其他地区亦有栽培。

常为园林、堤岸、庭院等绿化树种，适宜营造风景林。木质轻软，可供建筑、板料及室内装饰用。

如今科学益昌明，已见浃浃飘汉帜。

化石龙骸夸禄丰，水杉并世争长雄。

——近代·胡先骕《水杉歌》

农桑衣食

宜兴是典型的江南"鱼米之乡",山清水秀,物产丰富,自然田园风光令人心旷神怡。阳春三月,麦苗葱绿,油菜花黄,果树抽叶,蔬菜满园,处处一派生机;仲夏之时,绿意盎然,翠峰如簇,果香清新,别有一番韵味;金秋时节,硕果累累,稻田金黄,绚丽鲜艳,犹如一幅画卷。

稻

学名：*Oryza sativa*

别名：糯粳

科属：禾本科　稻属

一年生水生草本植物。秆直立，叶线状披针形。圆锥花序疏展，小穗含1朵成熟花，有芒或无芒。颖果长约5毫米。花果期全国差异较大。

我国南方地区是主要产稻区，北方各地亦有栽种。

世界主要粮食作物之一。米糠可榨油，稻糠可作动物饲料，稻草除供牛羊等牲畜食用外，还可以编成工艺产品。稻芽具有健脾开胃、消食和中的功效。

宜兴是无锡地区的粮仓，出产的稻米，品质上乘，声名远播。2017年，"杨巷大米"被认定为国家地理标志证明商标。

> 露金熏菊岸，风佩摇兰坂。
> 蝉鸣稻叶秋，雁起芦花晚。
> ——唐·骆宾王《在江南赠宋五之问》（节选）

普通小麦

学名：*Triticum aestivum*

别名：麦子　小麦

科属：禾本科　小麦属

一年或二年生草本植物。秆直立，叶长披针形。穗状花序直立。颖卵圆形。花期4—5月，果期6—7月。

我国小麦品种很多，广泛栽培于南北各地，但性状均有所差异。

世界三大谷物之一，是重要的粮食作物，是制作面粉和各类糕点的主要原料。发酵后可酿酒或作生物质燃料。

小麦青青大麦黄，护田沙径绕羊肠。
秧畦岸岸水初饱，尘甑家家饭已香。

——宋·方岳《农谣五首》之三

欧洲油菜

学名：*Brassica napus*

别名：油菜

科属：十字花科　芸薹属

一年或二年生草本植物。茎直立，叶倒卵形。总状花序伞房状，花浅黄色。花期3—4月，果期4—5月。

世界各地广泛栽培。

油菜种子是一种主要的油料作物。油菜花色金黄，花香浓郁，观赏价值高，是常见的蜜源植物。嫩茎及叶可食用。

宜兴的杨巷、丁蜀、太华和张渚等镇，是观赏油菜花田的绝佳之处。

黄萼裳裳绿叶稠，千村欣卜榨新油。

爱他生计资民用，不是闲花野草流。

——清·乾隆《菜花》

草莓

学名：*Fragaria × ananassa*

别名：红莓

科属：蔷薇科　草莓属

多年生草本植物。叶三出,质地略厚。聚伞花序,花白色。聚合果大,红色,光滑。花期4—5月,果期6—7月。

原产于南美洲地区,现我国各地广泛栽培。

果实汁液丰富,甜酸适口,色泽鲜艳,蕴含丰富的维生素、花青素、纤维素等多种营养成分,具有很强的保健功能。

葡萄

学　名：*Vitis vinifera*

别名：蒲陶　菩提子

科属：葡萄科　葡萄属

木质藤本植物。小枝圆柱形，叶卵圆形，3～5浅裂。圆锥花序，花小。果实球形或椭圆形。花期4—5月，果期8—9月。

原产于亚洲西部地区，现我国各地广泛栽培。

果实味美可口，富含多种果酸，营养价值高，有生津液、补气血功效。可鲜食或加工成葡萄干、葡萄汁、葡萄酒等。葡萄籽中的原花青素和葡萄皮中的白藜芦醇，具有重要药用价值。

高架金茎照水寒，累累小摘便堆盘。

喜君不酿凉州酒，来救衰翁舌本干。

——宋·辛弃疾《赋葡萄》

兔眼越橘

学名：*Vaccinium ashei*

别名：蓝莓　蓝浆果

科属：杜鹃花科　越橘属

多年生落叶灌木。幼枝绿色,叶硬纸质,椭圆形或倒卵形。穗状花序生于叶腋,花白色或粉红色。果实蓝黑色,花果期4—7月。

原产于北美洲地区,现我国南方地区引种栽培。

联合国粮食及农业组织推荐的五大健康水果之一,可鲜食,亦可制作果汁、果酱、果干等,被誉为"浆果之王"。果实中富含的鞣花酸和果胶,具有改善心血管和提高免疫力等功效。果皮中富含的花青素,是天然色素之一。

杨 梅

学名：*Myrica rubra*

别名：圣生梅　白蒂梅

科属：杨梅科　香杨梅属

常绿乔木。树冠圆球形，树皮灰色。叶革质。花雌雄异株，雌、雄花序生于叶腋。核果球状，成熟时深红或紫红色。花期4月，果期6—7月。

分布于我国华东地区以及湖南、广东等地。

树冠圆形，红果累累，是优质的园林绿化树种。果实口味酸甜，可鲜食，有生津解渴、健胃消食等功效，也可制成果干、果酱、蜜饯、果酒等食品。

宜兴人喜欢用杨梅浸酒，来去湿热、消暑气。"湖㳇杨梅"被认定为国家地理标志证明商标。

孙梅过尽官梅在，下番杨梅独擅场。
唤作荔枝元不是，是渠犹着小红裳。

——宋·苏泂《杨梅》

桃

学名：*Amygdalus persica*

别名：桃子

科属：蔷薇科　桃属

落叶小乔木。树皮暗红褐色。叶长圆披针形或倒卵状披针形。花单生，先叶开放，多粉红色。果实形状和大小、果肉颜色均有变异。花期3—4月，果期8—9月。

原产于我国，现世界各地广泛栽植。

桃果实多汁，可鲜食，也可制成罐头或桃脯等食品。核仁可食用，亦可药用。

目前我国栽培的食用桃品种还有蟠桃、油桃和黄桃等。

隐隐飞桥隔野烟，石矶西畔问渔船。

桃花尽日随流水，洞在清溪何处边。

——唐·张旭《桃花溪》

枇 杷

学名：*Eriobotrya japonica*

别名：金丸　芦枝

科属：蔷薇科　枇杷属

常绿小乔木。小枝粗壮。叶革质，呈倒披针形。花白色，圆锥花序顶生。果实球形，黄色，有绒毛。花期10—12月，果期翌年5—6月。

分布于我国陕西、河南、四川、湖北等地。

枇杷果鲜食，味道甘酸，营养颇丰，富含胡萝卜素和扁桃苷。叶和花均可供药用，有化痰止咳、清肺润胃之效。

大叶耸长耳，一梢堪满盘。

荔支分与核，金橘却无酸。

雨压低枝重，浆流水齿寒。

长卿今尚在，莫遣作园官。

——宋·杨万里《枇杷》

桑

学名：*Morus alba*

别名：桑树

科属：桑科　桑属

落叶乔木或灌木。树皮黄褐色，树体富含乳浆。叶卵形或广卵形，边缘有粗锯齿。雌雄异株，荑荑花序。聚花果卵圆形或圆柱形，黑紫色或白色。花果期5—8月。

原产于我国中部和北部地区，现其他地区亦有栽培。

桑葚色玉紫，形饱满，糖分足、酸甜适口，可鲜食或酿酒。桑叶既可以桑蚕，也可制茶、入药。桑皮可作药材，也可作造纸原料。

黄栗留鸣桑葚美，紫樱桃熟麦风凉。
朱轮昔愧无遗爱，白首重来似故乡。

——宋·欧阳修《再至汝阴三绝》之一

柑 橘

学名：*Citrus reticulata*

别名：桔子　橘子

科属：芸香科　柑橘属

常绿小乔木。分枝多。叶革质，长卵圆形。花单生或簇生。果形扁圆形。果皮光滑，易剥离，淡黄色。花期4—5月，果期10—12月。

分布于秦岭南坡以南，东南至台湾，南至海南岛，西南至西藏东南部海拔较低地区。

果实鲜食，果皮可入药。四季常青，树姿优美，是很好的庭园观赏植物。

苏东坡酷爱阳羡山水，其书写的《楚颂帖》便道出其欲买园种橘的心愿。

荷尽已无擎雨盖，菊残犹有傲霜枝。

一年好景君须记，正是橙黄橘绿时。

——宋·苏轼《赠刘景文》

萝 卜

学名：*Raphanus sativus*

别名：莱菔

科属：十字花科 萝卜属

一年或二年生草本植物。叶长倒卵形，羽裂。直根肉质，长圆形或近球形，外皮绿色、白色或红色。总状花序，花白色或粉红色。花期4—5月，果期5—6月。

我国各地广泛栽培，多数以秋季种植为主。

萝卜根常作蔬菜食用，在我国民间素有"小人参"的美称，具有很强的行气、止咳化痰、降脂、增强肌体免疫力和抑制癌细胞生长的功效。

宜兴萝卜品质优、口感好，有"冬赛雪梨"的美誉，栽培品种多以白萝卜和红萝卜为主。

山人藜苋惯枯肠，上顿时凭般若汤。

折项葫芦初熟美，着毛萝卜久煨香。

——宋·林泳《蔬餐》（节选）

旱 芹

学名：*Apium graveolens*

别名：胡芹　芹菜

科属：伞形科　芹属

二年或多年生草本植物。茎直立，叶轮廓为长圆形至倒卵形。复伞形花序，花瓣白色或黄绿色。分生果圆形或长椭圆形。花期4—7月。

分布于我国南北各地。

旱芹有强烈而特殊的香气，可供作蔬菜，具有降压等功效。

幽人本无肉食原，岸草溪毛躬自荐。

并堤有芹秀晚春，采掇归来待朝膳。

——宋·朱翌《芹》

白 菜

学名：*Brassica rapa* var. *glabra*

别名：黄芽菜　大白菜

科属：十字花科　芸薹属

二年生草本植物。基生叶多且大，呈倒卵状长圆形至宽倒卵形，顶端圆钝，边缘波状皱缩。花鲜黄色，长角果。花期5月，果期6月。

原产于我国华北一带，现其他地区广泛栽培。

常用蔬菜，在民间有"百姓之菜"的美称。菜叶可供生食、炒食、盐腌等，有促消化之功效。

村南村北梧桐树，山后山前白菜花。
莫向杜鹃啼处宿，楚乡寒食客思家。
——宋·曹豳《题括苍冯公岭二首》之二

青 菜

学名：*Brassica rapa* var. *chinensis*

别名：小白菜

科属：十字花科　芸薹属

一年或二年生草本植物。基生叶倒卵形或宽倒卵形,基部渐狭成宽柄。圆锥状总状花序顶生,花浅黄色。种子球形,紫褐色。花期4月,果期5—6月。

原产于亚洲地区,现我国南北各地广泛栽培,尤以长江流域最广。

嫩叶作蔬菜食用。

青菜青丝白玉盘,西湖回首忆临安。

竹篱茅舍逢春日,乐得梅花带雪看。

——宋·李石《立春》

甘 蓝

学名：*Brassica oleracea* var. *capitata*

别名：卷心菜　包菜

科属：十字花科　芸薹属

二年生草本植物。基生叶多，质厚，层层包裹成球状体。一年生茎无分枝，矮且粗壮；二年生茎有分枝，具茎生叶。总状花序，花淡黄色。长角果圆柱形。花期4月，果期5月。

我国各地广泛栽培。

营养元素丰富，常作蔬菜食用。羽衣甘蓝，叶色鲜艳，为冬季花坛内的重要观赏花卉。

番 茄

学名：*Lycopersicon esculentum*

别名：蕃柿 西红柿 洋柿子

科属：茄科 番茄属

一年或多年生草本植物。全株生粘质腺毛。叶羽状复叶或羽状深裂。花序常生3～7朵，花黄色。浆果扁球状或近球状，橘黄色或红色。花果期夏秋季。

原产于南美洲地区，现我国南北各地广泛栽培。

果实肉质多汁，营养丰富，风味独具，可生食、炒食、制番茄酱等，有生津止渴、健胃消食等功效。果实中富含的番茄红素可作天然色素，有很强的抗氧化能力。

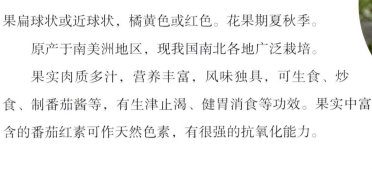

辣 椒

学 名：*Capsicum annuum*

别名：牛角椒　长辣椒　菜椒　灯笼椒

科属：茄科　辣椒属

一年或有限多年生草本植物。叶互生，矩圆状卵形。花单生，俯垂。花冠白色。果梗较粗壮，俯垂。果实味辣，成熟后呈红色或橙色。花果期5—9月。

原产于墨西哥和南美洲地区，现我国各地广泛栽培。

果常为蔬菜和调味品之用，有发汗和驱虫等功效。种子油可食用。

新蚁芬芳初浸面，子鸡和淡薄楂盐。

不奇桂辣椒辛味，知是吴民性喜甜。

——清·王季珠《田家杂咏十二首》之三（节选）

花椰菜

学名：*Brassica oleracea* var. *botrytis*

别名：花菜　菜花　椰菜花

科属：十字花科　芸薹属

二年生草本植物。茎直立，粗壮，有分枝。基生叶及下部叶长圆形至椭圆形。总花梗、花梗和未发育的花芽密集成肉质头状体。花初期淡黄色，后渐变成白色。花期4月，果期5月。

我国各地广泛栽培。

富含异硫氰酸盐化合物、维生素K等多种营养素，具有防癌、抗癌、止血等功效。

南 瓜

学名：*Cucurbita moschata*

别名：番瓜　饭瓜　北瓜

科属：葫芦科　南瓜属

一年生蔓生草本植物。茎常节部生根。叶宽卵形或卵圆形。雄花单生，花冠黄色；雌花单生，花柱短，膨大。瓠果形状多样。花果期6—9月。

原产于墨西哥至中美洲地区，明代传入我国，现我国各地广泛栽培。

因荒年可以代替粮食，故又称"饭瓜"。南瓜含有丰富的氨基酸类胡萝卜素、果胶和多糖类活性物质，全株入药，性温，味甘，具有解毒、助消化和消除致癌物质等功效。种子有清热除湿、驱虫的功效。

我国江南地区立春时人们有食南瓜的习俗。而除此之外，宜兴人更有喜食南瓜头的饮食习惯。

豇豆

学名：*Vigna unguiculata*

别名：带豆　角豆

科属：豆科　豇豆属

一年生缠绕草质藤本植物。羽状复叶具3片小叶。总状花序腋生,花黄白色略带青紫。荚果下垂,线形。种子长椭圆形或稍肾形。花期5—8月。

原产于热带非洲地区,现我国各地广泛种植。

可作蔬菜食用,具有健胃益气功效。

绿畦过骤雨,细束小虹霓。

锦带千条结,银刀一寸齐。

——清·吴伟业《豇豆》(节选)

蚕 豆

学名：*Vicia faba*

别名：罗汉豆　胡豆

科属：豆科　野豌豆属

一年或越年生草本植物。主根短粗，茎粗壮，直立。偶数羽状复叶，小叶通常1～3对，互生。总状花序腋生，花白色，带紫色纹。荚果肥厚。花期4—5月，果期5—6月。

我国各地广泛栽培。

常以鲜荚形式进入市场，作为时令蔬菜食用。蚕豆磨粉可制糕点、小吃。富含多种生物活性物质及植物蛋白质，是现代营养保健食品原料。

春风元逐土牛来，欲去金钱买不回。

莫道莺花抛白发，且将蚕豆伴青梅。

——宋·舒岳祥《小酌送春》（节选）

韭

学名：*Allium tuberosum*

别名：扁菜　长生韭　壮阳草

科属：石蒜科　葱属

多年生草本植物。鳞茎簇生，近圆柱状。叶片条形。伞状花序近球形，花白色。花果期7—9月。

原产于亚洲东南部地区，现我国各地广泛栽培。

叶、花葶和花均可作蔬菜食用。种子入药，有护肤明目、益肝健胃等功效。

宜兴本地韭菜条形细短，性软，异味轻。一年四季都有种植，有"春香、夏辣、秋苦、冬甜"之说，首推春韭为最佳食材。

肉食嘲三九，终怜气韵清。

一畦春雨足，翠发剪还生。

——宋·刘子翚《园蔬十咏·韭》

葱

学名：*Allium fistulosum*

别名：青葱　大葱

科属：石蒜科　葱属

多年生草本植物。鳞茎单生，圆柱状。叶圆筒状，中空。花葶圆柱状，中空。伞形花序球状，花白色或粉红色。花果期4—7月。

我国各地广泛栽培。

常作蔬菜食用，古代有"和事草"的雅号，民间有"食葱聪明"的饮食风俗。鳞茎和种子均可入药。

丹葩信不类苹蒿，雨后常抽绿玉条。

此草岂宜弃调食，瘦茎欲比沈郎腰。

——宋·陆文圭《葱绝句》

芫 荽

学 名：*Coriandrum sativum*

别 名：香菜　胡荽　香荽

科 属：伞形科　芫荽属

一年或二年生草本植物。茎圆柱形，直立。叶一回或二回羽状全裂。伞形花序，花白色或带淡紫色。果实圆球形。花果期4—11月。

原产于地中海地区。西汉时张骞从西域带入我国，现我国大部分地区均有栽培。

芫荽有浓郁的香气味，常用来提味，是汤、饮及凉拌菜佐料之一，具有消食下气等功效。

相彼芫菜，化胡携来。

臭如荤菜，脆比菘苔。

肉食者喜，藿食者谐。

惟吾佛子，致谨于斋。

——明·屠本畯《野菜笺》（节选）

本草品汇

宜兴药用野生植物资源丰富，如何首乌，灵根妙用，乌发益精；黄堇，娇巧迷人，清热利湿；韩信草，朵朵娇柔，止痛活血；玉竹，似竹箭杆，润肺止咳；杜衡，淡淡幽香，祛风散寒；葛藤，蔓叶繁茂，解肌生津。众多常见药用植物，或解表、或清热、或祛风、或理气、或补虚，在医药领域中应用前景广阔。

海金沙

学名：*Lygodium japonicum*

别名：金沙藤　竹园荽

科属：海金沙科　海金沙属

多年生攀援草本植物。不育羽片尖三角形，二回羽状分裂。叶坚草质或纸质。孢子成熟期8月。

分布于我国长江流域及其以南地区。

干燥成熟孢子可入药。色黄如细沙，味甘、咸，性寒，有清利湿热等功效。

饮息时时药味加，五神运起海金沙。

天河仙子度灵槎，水满金城凝露冷。

人牛不见月空华，清风捧拥笑归家。

——元·王吉昌《玩溪沙》之四

贯 众

学名：*Cyrtomium fortunei*

别名：绵马鳞毛蕨　贯节　贯渠

科属：鳞毛蕨科　贯众属

多年生常绿草本植物。根茎粗壮，斜生。叶簇生于根茎顶端，叶片草质，呈倒披针形，二回羽状全裂或深裂。

分布于我国陕西、河北、山东以及山西南部和甘肃南部等地。

根茎及叶柄残基可入药，味苦、涩，性寒，有清热解毒、止血等功效。

岂须太乐丞，清圣贯渠竹。
属媪但酌酒，与媪创高躅。
宗武但收诗，清名销五福。
他时寻此翁，云深驾黄犊。
——宋·李新《甲午九月十七日留题太平寺》（节选）

黄堇

学名：*Corydalis pallida*

别名：珠果紫堇

科属：罂粟科　紫堇属

灰绿色丛生草本植物。叶二回羽状全裂。总状花序顶生或腋生。花黄色至淡黄色。蒴果念珠状。花期2—4月，果期4—5月。

分布于我国大部分地区，生于林地沟边。

根或干燥全草可入药，有止痛止痒、清热利湿等功效。

蕺 菜

学名：*Houttuynia cordata*

别名：鱼腥草　侧耳根

科属：三白草科　蕺菜属

多年生腥臭草本植物。茎下端伏地,上端直立。叶阔卵形。花序长约2厘米,总苞片白色。蒴果长2～3毫米。花期4—7月。

分布于我国中部以南地区,生于湿润林下、沟边等处。

全株可入药,味辛,性寒凉,有清热解毒、健胃消食、抗病毒、改善免疫力等功效。我国西南地区常以嫩根茎作蔬菜或调味品。

十九年间胆厌尝,盘羞野菜尚含香。
春风又长新芽甲,好撷青青荐越王。

——宋·王十朋《蕺山》

紫花香薷

学名：*Elsholtzia argyi*

别名：野薄荷　牙刷花

科属：唇形科　香薷属

草本植物。茎四棱形，紫色。叶卵形至阔卵形。穗状花序长2～7厘米，生于茎、枝顶端，偏向一侧，由具8花的轮伞花序组成。花冠玫瑰红紫色。花期9—10月，果期10—11月。

分布于我国浙江、江苏、福建等地，生于山坡灌丛中、林下、溪旁及河边草地。

全草可入药，有祛风散寒等功效。

碧荷色犹懒，紫花香渐多。

过桥通故里，分界入新河。

土润何功治，沙平不用磨。

衣冠今已矣，从此想鸣珂。

——宋·高衡孙《高塘桥》

韩信草

学名：*Scutellaria indica*

别名：三合香　耳挖草

科属：唇形科　黄芩属

多年生草本植物。茎直立，呈四棱形。叶心状卵圆形。花对生，花冠蓝紫色。花果期3—6月。

分布于我国江苏、浙江、安徽、江西、湖南、贵州、四川等地，生于海拔1 600米以下的山地或丘陵草地。

全草可入药，味辛，性平，具有止痛活血等功效。

活血丹

学名：*Glechoma longituba*

别名：连钱草　透骨消

科属：唇形科　活血丹属

匍匐草本植物。茎四棱形，基部多为淡紫红色。叶心形或似肾形。花淡紫色，二唇形。花期4—5月，果期5—6月。

分布于我国西北部以外大部分地区，生于海拔10～2 500米的疏林下、溪边、草地等阴湿处。

全草可入药，味微苦，性凉，有利湿通淋、清热解毒、散瘀消肿等功效。

接骨草

学名：*Sambucus javanica*

别名：陆英　排风藤　小接骨丹

科属：五福花科　接骨木属

一年生高大草本植物。茎有棱条，羽状复叶对生。顶生复伞形花序。花冠白色，花药黄色或紫色。果实红色。花期4—5月，果期8—9月。

分布于我国陕西、江苏、浙江等地，生于海拔100～2 500米的林下、路边、沟边。

全草可入药，味微苦、甘，性平，有通经活血、祛瘀生新等功效。

紫花前胡

学名：*Angelica decursiva*

别名：土当归

科属：伞形科　当归属

多年生草本植物。根圆锥状，有少数分枝。茎高大直立，多为紫色。叶三角形至卵圆形，一至二回羽状分裂。花序顶生或侧生，呈紫色，花深紫色。花期8—9月，果期9—11月。

分布于我国辽宁、江苏、浙江等地，生于林缘山坡、杂木林或溪沟边。

根可入药，有降气化痰及散风清热等功效。幼苗可作春季野菜。

起石安吟久，防风见客稀。

前胡古君子，松节自相依。

——宋·刘敞《谢胡编校惠药医膝病遂以药名赋》（节选）

千里光

学名：*Senecio scandens*

别名：九里明

科属：菊科 千里光属

多年生攀援草本植物。叶长三角形。头状花序有舌状花，黄色。花果期9—11月。

分布于我国江淮以南地区，生于海拔10～3 000米的灌丛、森林，攀援于岩石、灌木之上。

全草可入药，有清肝明目、疗疮毒等功效。

杜 衡

学名：*Asarum forbesii*

别名：杜葵　马蹄香

科属：马兜铃科　细辛属

多年生草本植物。根丛生，稍肉质。叶肾心形，顶端钝或圆，基部心形，叶色浓绿，有白色斑。花暗紫色。花期3—4月。

分布于我国江苏、安徽、浙江、湖北、江西及四川东部、河南南部，生于海拔50～800米的林下、路边。

全草可入药，有祛风散寒等功效。

> 白玉兮为镇，疏石兰兮为芳；
> 芷葺兮荷屋，缭之兮杜衡。
> 合百草兮实庭，建芳馨兮庑门。
> 九嶷缤兮并迎，灵之来兮如云。
> ——战国·屈原《九歌·湘夫人》（节选）

枸 杞

学名：*Lycium chinense*

别名：狗奶子　红珠仔刺

科属：茄科　枸杞属

多分枝灌木。枝条细弱,淡灰色。单叶互生,卵形或长椭圆形。花淡紫色。果实红色,卵形。花果期6—11月。

分布于我国东北以南地区,生于山坡、荒地、丘陵地、盐碱地,路旁及村边宅旁常可见。

嫩叶可作蔬菜。果实可食用和入药,被列入药食同源物品目录。枸杞多糖,在各种慢性疾病预防和治疗方面具有重要作用。

谁道春风未发生,杞苗试摘已堪羹。
莫将口腹为人累,竹瘦殊胜豕腹亨。

——宋·赵蕃《食枸杞》

醉鱼草

学名：*Buddleja lindleyana*

别名：闭鱼花　毒鱼草

科属：玄参科　醉鱼草属

落叶灌木。茎皮褐色。叶对生，膜质，卵形。顶生穗状聚伞花序，花淡紫色，略有香气。蒴果长圆状或椭圆状。花期5—10月，果期8—11月。

分布于我国江苏、福建、云南等地。

全株捣碎能使鱼麻醉，故称"醉鱼草"。花、叶、根均可入药，有祛风除湿、活血等功效。全株还可用作农药。

鸡矢藤

学名：*Paederia foetida*

别名：天仙藤

科属：茜草科　鸡矢藤属

多年生藤本植物。叶宽卵形。聚伞花序顶生或腋生，花淡紫色。核果球形，直径4～7毫米。花期6—9月，果期8—10月。

分布于我国长江流域及其以南地区，生于河边、溪边、林旁、路边及灌木林中。

全草可入药，有祛风利湿、止痛解毒等功效。

何首乌

学名：*Fallopia multiflora*

别名：多花蓼　紫乌藤　九真藤

科属：蓼科　何首乌属

多年生草本植物。茎缠绕，块根肥厚，黑褐色。叶卵形或长卵形。花序圆锥状，腋生或顶生。瘦果卵形，具3棱。花期8—9月，果期9—10月。

分布于我国陕西南部、甘肃南部、华东、华中、华南、四川、云南及贵州等地。

块根可入药，有安神、养血等功效。制首乌是贵细中药材，可补益精血、乌须发。

此草有奇效，尝闻于习之。

陵阳亦旧产，其地尤所宜。

翠蔓走岩壁，芳丛蔚参差。

下有根如拳，赤白相雄雌。

——宋·文同《寄何首乌丸与友人》（节选）

葛

学名：*Pueraria montana*

别名：葛藤

科属：豆科　葛属

木质藤本植物。全株长达5～8米，被黄色长硬毛。羽状复叶具3片小叶，小叶3裂，偶尔全缘。总状花序，花色紫色。荚果长椭圆形，扁平。花期8—10月，果期11—12月。

分布于我国新疆、青海及西藏以外大部分地区，生于山地疏或密林中。

根可入药，味甘、辛，性平，有解肌退热、生津止渴等功效。

彼采葛兮，一日不见，如三月兮！

——《诗经·采葛》（节选）

天南星

学名：*Arisaema heterophyllum*

别名：南星　白南星

科属：天南星科　天南星属

多年生草本植物。叶片鸟足状分裂。佛焰苞状花序，佛焰苞粉绿色，里面绿白色。浆果为圆柱形，多为黄红色、红色。花期4—5月，果期7—9月。

分布于我国西北、西藏以外大部分地区，生于草地、林下或灌木丛。

块茎可入药，有祛痰、定惊等功效。

玉 竹

学名：*Polygonatum odoratum*

别名：铃铛菜　尾参

科属：天门冬科　黄精属

多年生草本植物。根状茎圆柱形。叶互生，椭圆形至卵状矩圆形。花被片黄绿色或白色，花被筒直伸，花丝丝状。浆果蓝黑色。花期5—6月，果期7—9月。

分布于我国黑龙江、安徽、江苏等地，生于海拔500～3 000米的林下或山野阴坡。

干燥根茎可入药亦可食用，富含多糖类、皂苷类、异黄酮类化合物，具有养阴润肺、生津止咳等功效。

中土太淡素，东皇染半节。

此君已不群，此种更奇绝。

——宋·杜范《酥溪寺舍窗前有黄金间璧玉竹可爱谩作二十字》

菝葜

学名：*Smilax china*

别名：金刚刺　金刚藤

科属：菝葜科　菝葜属

攀援灌木。根状茎粗厚，坚硬。叶坚纸质。伞形花序，具多花，花呈绿黄色。浆果红色，直径5～16毫米。花期2—5月，果期9—11月。

分布于我国黄淮以南地区，生于林下、路旁、灌丛、山坡上或河谷。

根茎可入药，味甘，性温，有解毒消肿等功效。此外，可以用其来提取淀粉和制栲胶，或酿酒。

江乡有奇蔬，本草记菝葜。

驱风利顽痹，解疫补体节。

——宋·张耒《食菝葜苗》（节选）

庭园缤纷

宜兴园林植物丰富，极具观赏性，如杜鹃吐艳，姹紫嫣红，绚丽动人；牡丹盛开，国色天香，冠绝群芳；月季绽放，红粉佳人，艳丽多彩；雍容华丽的日本晚樱，沁人心脾的紫叶李，丰盈娇艳的西府海棠，枝叶繁茂，生机盎然；枝叶婆娑的罗汉松，苍翠挺拔的雪松，巍然屹立，四季常青。一花一世界，一木一浮生，皆是古今文人墨客吟诵的对象和情感的寄托。

杜 鹃

学名：*Rhododendron simsii*

别名：杜鹃花　映山红

科属：杜鹃花科　杜鹃花属

落叶灌木。分枝多而纤细。叶近革质，多集生枝端，呈卵形或椭圆状卵形。2～3朵花簇生于枝顶，花冠漏斗状，玫瑰色或鲜红色。蒴果卵球形。花期4—5月，果期6—8月。

分布于我国江苏、江西、广东等地，生于海拔100～2 000米的稀疏灌丛或林下。

万紫千红、绚丽多姿，宜在园林中成片栽植或作盆景。全株可入药，性味酸、甘、温，有清热解毒、止血等功效。树皮和叶可提制栲胶，木材可作工艺品等。

杜鹃花是宜兴市市花。宜兴龙背山森林公园的杜鹃园，杜鹃种植品种多，主要有锦绣杜鹃、马银花和云锦杜鹃等，深受广大市民喜爱。

金鸭香烧午夜烟，空弹宝瑟怨流年。
东风一架蔷薇雪，老尽春风是杜鹃。

——宋·柳桂孙《杜鹃花》

牡 丹

学名：*Paeonia suffruticosa*

别名：富贵花　洛阳花

科属：芍药科　芍药属

落叶灌木。叶通常为二回三出复叶，小叶3裂至中部。花多单生枝顶，直径9～19厘米，花瓣玫瑰色、粉红色或白色。蓇葖长圆形。花期5月，果期6月。

原产于我国，现世界各地广泛栽培。

色泽艳丽，富丽堂皇，素有"花中之王"的美誉，被称为"国花"。花大而香，故又有"国色天香"之称。牡丹新落的花瓣可煎食、蜜浸、配菜和蒸酒等。根皮可入药，有清热凉血等功效。

宜兴张渚镇芙蓉村的牡丹产业园内种植的牡丹，以药用、油用的凤丹为主。

庭前芍药妖无格，池上芙蕖净少情。

唯有牡丹真国色，花开时节动京城。

——唐·刘禹锡《赏牡丹》

月季花

学名：*Rosa chinensis*

别名：月月红　月月花

科属：蔷薇科　蔷薇属

直立灌木。小叶多为3～5片。花数朵集生于茎部顶端，直径4～8厘米，花瓣重瓣或半重瓣，多呈红色、白色。果卵球形或梨形，成熟后为橘红色。花期4—9月，果期6—11月。

原产于我国，现世界各地广泛栽培。

花期长，观赏价值高，可用于花坛布置、盆景、花束等。花可提取香料。花、叶、根均可入药，有消炎解毒等功效。

月季只应天上物，四时荣谢色常同。

可怜摇落西风里，又放寒枝数点红。

——宋·张耒《月季》

金钟花

学名：*Forsythia viridissima*

别名：黄金条

科属：木犀科　连翘属

落叶灌木。叶长椭圆形。先花后叶,花冠深黄色。花期3—4月,果期8—11月。

分布于我国江苏、安徽、浙江、江西、福建、湖北、湖南、云南西北部等地,生于海拔200～2 500米的河谷边林缘、谷地或山地。

枝条拱形展开,满枝金黄,亮丽可爱,是早春良好的观赏性植物。果实可入药,有清热解毒、祛湿泻火等功效。

火 棘

学名：*Pyracantha fortuneana*

别名：火把果　救军粮

科属：蔷薇科　火棘属

常绿灌木。侧枝短,先端成刺状。叶倒卵状长圆形。复伞房花序,花瓣白色。果实近扁球形,深红色或橘红色。花期3—5月,果期8—11月。

分布于我国陕西、江苏、浙江等地。

常被用作布置盆景、制作绿篱等用。果实含有抑制龋齿的生物活性物质,可食用。果实、根、叶均可入药,有消积止痢、清热凉血、解毒、治疮疡肿毒等功效。

味过华林芳蒂,色兼阳井沈朱。

轻匀绛蜡里团酥,不比人间甘露。

神鼎十分火棘,龙盘三寸红珠。

清含冰蜜洗云腴,只恐身轻飞去。

——宋·仲殊《西江月·味过华林芳蒂》

野迎春

学名：*Jasminum mesnyi*

别名：云南黄素馨　南迎春

科属：木犀科　素馨属

常绿直立亚灌木。枝条下垂,小枝四棱形。叶对生,三出复叶或小枝基部具单叶。花单生于叶腋。花期1—5月。

分布于我国四川西南部、贵州、云南等地,生于海拔500～2 600米的峡谷、林中。

野迎春枝条柔美下垂宜供观赏。

沉沉华省锁红尘,忽地花枝觉岁新。

为问名园最深处,不知迎得多少春。

——宋·刘敞《迎春花二首》之二

红花檵木

学名：*Loropetalum chinense* var. *rubrum*

别名：红继木　红桎木

科属：金缕梅科　檵木属

常绿灌木或小乔木。叶卵形。花4～9朵簇生于总花梗上，近顶生，假头状花序，花紫红色。蒴果褐色，近卵形。花期4—5月，果期8月。

分布于我国长江中下游及其以南地区，野生植株多见于湖南与江西交界的罗霄山脉一带。

满树红花，姿态优美，是园林绿化常用植物，可用于绿篱栽植或制作树桩盆景。根、叶、花、果均可入药，有解热止血、通经活络等功效。

木芙蓉

学名：*Hibiscus mutabilis*

别名：芙蓉花　拒霜花

科属：锦葵科　木槿属

落叶灌木或小乔木。叶宽卵形或心形。花单生，初开时白色或淡红色，后变至深红色，直径约8厘米，花瓣近圆形。花期8—10月。

原产于我国湖南，现其他地区亦有栽培。

多在庭园栽植，最宜配植水滨。茎皮纤维柔韧，可供纺织和染丝用，是古人著名"芙蓉帐"的制作原料。花可食，花、叶可入药，有清肺凉血等功效。

水边无数木芙蓉，露染燕脂色未浓。

正似美人初醉著，强抬青镜欲妆慵。

——宋·王安石《木芙蓉》

山 茶

学名：*Camellia japonica*

别名：耐冬　山茶花

科属：山茶科　山茶属

常绿灌木或小乔木。叶革质,椭圆形。花顶生,红色,无柄,花瓣6～7片。蒴果近圆球形。花期1—4月,果期11月。

分布于我国四川、山东、台湾、江西等地。

冬末春初开花,是园林常用植物。木材可用于农具和细木。种子油可食用和工业用。花可入药,性微辛、甘寒,有凉血止血、消瘀肿等功效。

桥外波如鸭头绿,杯中酒作鹅儿黄。

山茶花下醉初醒,却过西村看夕阳。

——宋·陆游《过杜浦桥二首》之一

花叶青木

学名：*Ancuba japonica* var. *variegata*

别名：金沙树　洒金珊瑚

科属：丝缨花科　桃叶珊瑚属

常绿灌木。叶对生，革质，卵状长椭圆形，叶片分布有黄斑。圆锥花序顶生，花呈暗紫色。果实卵圆形，红色，长约2厘米，直径5～7毫米，具种子1枚。花期3—4月，果期翌年4月。

原产于日本，现我国各地广泛栽培。

常绿、耐阴，是优秀的园林观赏植物。

栀 子

学名：*Gardenia jasminoides*

别名：山栀子　水栀子

科属：茜草科　栀子属

常绿灌木。叶对生或为3枚轮生，革质，稀为纸质，常为倒卵状长圆形、倒卵形或椭圆形。花芳香，单朵生于枝顶，花冠白色或乳黄色。果实卵形，多为橙红色或黄色。花期6—8月。

我国山东以南各地有野生，生于海拔10～1 500米处的旷野、丘陵、山谷、山坡、溪边的灌丛或林中。

花芬芳浓郁，洁白纯洁，具有较高观赏价值。果实中富含的番红花色素苷基，是应用广泛的天然黄色染料，作为传统中药，有清热、泻火、凉血等功效。

常见栽培的为白蟾（*Gardenia jasminoides* var. *fortuneana*）。

庭前栀子树，四畔有桠枝。

未结黄金子，先开白玉花。

——宋·蒋堂《栀子花》

含笑花

学名：*Michelia figo*

别名：含笑梅　香蕉花

科属：木兰科　含笑属

常绿灌木。树皮灰褐色。叶倒卵状椭圆形。花淡黄色，边缘有紫晕，具芳香。花期3—5月，果期7—8月。

原产于我国华南南部地区，现江南以南地区亦有栽培。

常用在园林中，主要有盆栽、庭园种植、绿篱栽植等。花含有丰富的营养成分、生物活性成分及天然植物精华，具有美容保健和药用价值。

不教心瓣染尘埃，玉蕊含羞带笑开。
自有幽魂香入骨，此花应是在瑶台。

——宋·邓润甫《咏含笑花》

海 桐

学名：*Pittosporum tobira*

别名：海桐花　山矾　七里香

科属：海桐科　海桐属

常绿灌木或小乔木。叶革质，常聚生于枝顶，倒卵圆形。伞形花序顶生，花白色，有香气。花期4—5月，果期9—11月。

分布于我国长江以南滨海地区。

树冠球形，经冬不凋，清丽芳香，可供观赏。果实入秋开裂，露出红色种子。根、叶和种子均可入药。

翠盖亭边春色归，还来把酒及开时。

坐无车公欢意少，犹得风前读好诗。

——宋·张栻《四月四日，饮吴仲立家梅桐花下，吴伯承以事不至，寄诗来，次韵》

阔叶十大功劳

学名：*Mahonia bealei*

别名：黄天竹　土黄柏

科属：小檗科　十大功劳属

常绿灌木。叶狭，倒卵形至长圆形，具4～10对小叶，小叶厚革质，硬直。总状花序直立，簇生，花黄色。浆果卵形，深蓝色，被白粉。花期10—12月，果期翌年4—5月。

分布于我国浙江、安徽、陕西、江西、福建、河南、湖南、湖北、广西、广东、四川等地。

叶形奇特，典雅美观，是观赏花木中的珍品。全株可入药，有清热解毒等功效。

南天竹

学名：*Nandina domestica*

别名：南天竺　天竹

科属：小檗科　南天竹属

常绿小灌木。茎常丛生而少分枝。叶互生,集生于茎的上部,二至三回羽状复叶。圆锥花序直立,花小,白色,具芳香。浆果球形,种子扁圆形。花期5—7月,果期9—11月。

分布于我国福建、浙江、江苏等地,生于山地林下沟旁、路边或灌丛中。

常用于园林绿化。木材坚硬,可制作小型手工艺品。全株可入药,根、叶有强筋活络、消炎解毒等功效,果有镇咳的作用。

八角金盘

学名：*Fatsia japonica*

别名：手树

科属：五加科　八角金盘属

常绿灌木。杆丛生，茎光滑无刺，树冠伞形。叶片掌状深裂，长8～15厘米，互生。顶生复伞形花序，花色白。果实球形，成熟时为紫黑色。花期10—12月，果期翌年5月。

原产于日本，现我国华东以南地区广泛栽培。

四季常青，叶片硕大，叶形优美，浓绿光亮，是优良的观叶植物。全株可入药，有化痰止咳、散风除湿、化瘀止痛等功效。

石 楠

学名：*Photinia serrulata*

别名：红树叶　凿木

科属：蔷薇科　石楠属

常绿灌木或小乔木。枝褐灰色。叶长椭圆形。复伞房花序顶生，花瓣白色。果实球形，红色。花期4—5月，果期10月。

分布于我国陕西、甘肃、江苏以南等地，生于海拔50～2 600米的山坡杂木林中。

常见的庭院绿化树种。木材可制车轮及器具柄。种子榨油，可用于工业。根、叶可入药，有利尿、解毒等功效。

客处偷闲未是闲，石楠虽好懒频攀。
如何风叶西归路，吹断寒云见故山。

——唐·司空图《石楠》

女 贞

学名：*Ligustrum lucidum*

别名：冬青　女桢

科属：木犀科　女贞属

常绿乔木，树体可高达10米，树皮平滑，灰褐色。叶对生，革质，多卵形或椭圆形。圆锥花序顶生，花色白。核果深蓝黑色。花期5—6月，果期9月至翌年4月。

分布于我国长江以南至华南、西南等地。

枝干扶疏，四季婆娑，是优良的抗污染树种，常用作园林观赏树种和行道树。果、叶可入药。

青青女贞树，霜霰不改柯。

托根一失所，罹此霖潦多。

——明·张羽《杂言并序》之八（节选）

绣球荚蒾

学名：*Viburnum macrocephalum*

别名：八仙花　粉团花

科属：五福花科　荚蒾属

丛生灌木。枝圆柱形，粗壮。叶纸质，阔椭圆形或倒卵形。具近球形伞房状聚伞花序，花多、密集，不育花多，花瓣长圆形。花期6—8月。

分布于我国山东以南各地。

花色清新，形如圆玉，是著名的观赏植物。花和叶均可入药，有清热抗疟等功效。

绣球春晚欲生寒，满树玲珑雪未干。

落遍杨花浑不觉，飞来蝴蝶忽成团。

——元·张昱《绣球花次兀颜廉使韵》（节选）

紫丁香

学名：*Syringa oblata*

别名：丁香花

科属：木犀科　丁香属

灌木或小乔木。叶心形对生。圆锥花序直立，花冠紫色。花期4—5月，果期6—10月。

分布于我国新疆以外的东北、华北、西北及西南至四川西北部（松潘、南坪）等地，生于海拔100～2 500米的山沟溪边、山坡丛林、滩地水边及山谷路旁。

花筒细长如钉，芳香浓郁，花色淡雅，是著名的庭园观赏花木。

我家丁香大盈丈，天公靳惜非丹材。

去年花开香满屋，我方局促缠悲哀。

——宋·吴芾《得家书报敝居紫丁香盛开怅然有感》（节选）

梅

学名：*Armeniaca mume*

别名：梅花　春梅

科属：蔷薇科　杏属

落叶小乔木。稀灌木。树皮粗糙，灰色，小枝绿色。叶椭圆形或卵形，常具锐锯齿。花单生或2朵同生于一个芽内。花瓣倒卵形，白色至粉红色。果实近圆形，直径2.5～4厘米，绿白色或黄色。花期1—3月，果期6—7月。

原产于我国江南地区，现其他地区亦有栽培。

花幽香，可供观赏。鲜花可提取香精。花、叶、根和种仁均可入药。果实可熏制成乌梅食用，有生津止渴等功效。

人日题诗寄草堂，遥怜故人思故乡。

柳条弄色不忍见，梅花满枝空断肠。

——唐·高适《人日寄杜二拾遗》（节选）

西府海棠

学名：*Malus × micromalus*

别名：海棠花

科属：蔷薇科　苹果属

落叶小乔木。树冠开展。叶椭圆形或卵形。大型伞形总状花序，具花3～6朵，花梗下垂，花瓣倒卵形，粉红色。果实梨形或倒卵形。花期3—4月，果期9—10月。

分布于我国江苏、浙江、陕西等地，生于海拔50～1 200米的山坡丛林中或山溪边。

树形多样，丰盈娇艳，是常用的园林观赏木本植物。果可鲜食或制蜜饯。花可入药。

宜兴和桥镇东坡海棠园，由苏东坡亲手所植的西府海棠树，枝叶繁茂、生机盎然，至今已有900多年的历史。

东风袅袅泛崇光，香雾空蒙月转廊。

只恐夜深花睡去，故烧高烛照红妆。

——宋·苏轼《海棠》

鸡爪槭

学名：*Acer palmatum*

别名：鸡爪枫

科属：无患子科 槭属

落叶小乔木。树皮深灰色,小枝细瘦。叶纸质,5～9掌状分裂。花多紫色,杂性,两性花与雄花同株,伞房花序。翅果,小坚果球形。花期5月,果期9月。

分布于我国华东地区。

四季绿化树种,常被用作观赏和行道树栽植。枝、叶均可入药,具有行气止痛、解毒消痈等功效。此外,园林中还常用鸡爪槭的变种羽毛槭和三角枫等作绿化树种。

日本晚樱

学名：*Cerasus serrulata* var. *lannesiana*

别名：樱花

科属：蔷薇科　樱属

落叶乔木。树高4～8米，树皮灰黑色或褐色。叶倒卵椭圆形或卵状椭圆形，叶边有重锯齿，齿端具长芒。花序近伞形或伞房总状，通常着花2～3朵，花瓣粉红色、白色，花瓣多重瓣。核近果球形或卵球形，紫黑色。花期4—5月，果期6—7月。

最初由日本引入，现我国大部分地区均有栽培。

常用作观赏树种，盛开时娇艳欲滴，大而芳香。

梅花谢后樱花绽，浅浅匀红。

试手天工，百卉千葩一信通。

余寒未许开舒妥，怨雨愁风。

结子筠笼，万颗匀圆讶许同。

——宋·赵师侠《采桑子·樱桃花》

玉 兰

学名：*Yulania denudate*

别名：白玉兰　望春花

科属：木兰科　玉兰属

落叶大乔木。叶纸质，倒卵状椭圆形、倒卵形或宽倒卵形。花先叶开放，直立且芳香，花白色，基部常呈粉色，聚合果。种子心形，侧扁。花期2—3月，果期8—9月。

分布于我国江西、浙江、湖南、贵州等地，生于海拔500～1 000米的林中。

耐烟尘，为庭园绿化观赏树种。木材可作装饰用材。叶、幼枝和花均可提取芳香油。此外，其叶可入药，花可制浸膏用，种子可榨油。

初如春笋露织妖，拆似弍莲白羽摇。

亭下吟翁步明月，玉人虚度可娄膏。

——宋·陆文圭《亭下玉兰花开》

紫叶李

学名：*Prunus cerasifera* f. *atropurpurea*

别名：樱桃李　红叶李

科属：蔷薇科　李属

落叶灌木或小乔木。叶卵形、倒卵形或椭圆形。花单生，稀2朵，先花后叶，花瓣白色略带粉红。核果椭圆形或近球形，紫红色。花期4月，果期8月。

人工选育品种，我国华北以南地区多有栽培。

花繁茂，整个生长季节都为紫红色，观赏价值高，是一种优良的观赏性植物。果可食用，亦能入药，有清热解毒、利尿止渴等功效。

枫香树

学名：*Liquidambar formosana*

别名：枫香　白胶香

科属：蕈树科　枫香树属

落叶乔木。树皮灰褐色。叶阔卵形,掌状3裂。雄性花序短穗状,多个排成总状。雌性头状花序有花24～43朵。果序近圆球形,木质。花期4—5月,果期10月。

分布于我国秦岭及淮河以南地区。

秋季红绿相衬,常用作园林庭荫树种。木材可制家具和建筑用。树皮可制栲胶。树脂可入药,有解毒止痛等功效。根、叶及果实亦可入药,有祛风除湿、通络活血功效。

月黑枭鸣树,灯残鼠穴墙。

床空围纸被,室静爇枫香。

不恨言伤直,惟忧欲败刚。

回头顾名利,百世永相忘。

——宋·陆游《贫居即事》

合 欢

学名：*Albizia julibrissin*

别名：马缨花　绒花树

科属：豆科　合欢属

落叶乔木。高可达16米。树干略灰黑色,花序、嫩枝、叶轴被短柔毛或绒毛。二回羽状复叶,互生,头状花序在枝顶排成伞房状,花粉红色。荚果带状,扁而直。花期6—7月,果期8—10月。

分布于我国东北以南各地,多生于山坡,也有人工栽培。

花如绒簇,艳丽炫目,常被用作园林观赏树种和行道树。木质经久耐用,多用于制家具。嫩叶可食用。树皮入药,有驱虫之效。

开花复卷叶,艳眼又惊心。
蝶绕西枝露,风披东干阴。
黄衫漂细蕊,时拂女郎砧。

——唐·李颀《题合欢》

雪 松

学名：*Cedrus deodara*

别名：宝塔松　番柏

科属：松科　雪松属

常绿乔木。树皮深灰色，片裂。叶短，针状，坚硬。雄球花长卵圆形或椭圆状卵圆形；雌球花卵圆形。球果熟时为红褐色。

分布于印度至阿富汗等地，现我国各地广泛栽培，生于海拔1 000～3 500米的地方。

世界著名的庭园观赏树种。材质坚实，纹理致密，不易受潮，可作建筑用材。雪松木富含的精油，具有防腐、杀菌等功效。

细捣枨虀卖脍鱼，西风吹上四腮鲈。
雪松酥腻千丝缕，除却松江到处无。
——宋·范成大《秋日田园杂兴》

日本五针松

学名：*Pinus parviflora*

别名：五钗松　日本五须松

科属：松科　松属

乔木。幼树树皮淡灰色，平滑；大树树皮暗灰色，裂成鳞状块片脱落。枝条平展。针叶5针一束，微弯曲。球果卵圆形或卵状椭圆形，几无梗，熟时种鳞张开。花期4—5月，果期11—12月。

原产于日本，现我国长江流域各地广泛引种栽培。

树枝优美，为珍贵的观赏树种，多作庭园树或盆景栽植。

为爱松声听不足，每逢松树遂忘还。
翛然此外更何事，笑向闲云似我闲。

——唐·皎然《戏题松树》

侧 柏

学名：*Platycladus orientalis*

别名：黄柏　香柏

科属：柏科　侧柏属

乔木。树皮灰褐色，枝条向上伸展或斜展。叶鳞形，先端微钝。雄球花卵圆形，黄色；雌球花球形，蓝绿色，略被白粉。球果蓝绿色，卵圆形，被白粉。花期3—4月，果期10月。

产于我国大部分地区。

种子与生鳞叶的小枝可入药。

何命之薄彼载柏，岂无生处生于石。

老去根犹强自争，春来石岂能相厄。

——宋·曾丰《豫章上游生米市前江中洲上至德观侧柏树甚老》（节选）

紫 荆

学名：Cercis chinensis

别名：满条红　箩筐树

科属：豆科　紫荆属

丛生或单生灌木。树皮和小枝灰白色。叶厚纸质，三角状圆形或近圆形。花紫红色或粉红色，约2～10朵成束，簇生于老枝和主干上。荚果扁狭长形。花期3—4月，果期8—10月。

分布于我国大部分地区。

观赏效果佳，宜栽于庭院、岩石等地。木材可供家具、建筑等用。树皮、花、果实均可入药，有清热解毒等功效。

一树幽花见紫荆，杜陵诗句属吾情。

江东消息关河阔，况我平生寡弟兄。

——宋·赵蕃《见紫荆有怀成父》

紫 藤

学名：*Wisteria sinensis*

别名：朱藤　藤萝

科属：豆科　紫藤属

落叶藤本植物。茎左旋，奇数羽状复叶，小叶3～6对，纸质。总状花序长15～30厘米，花冠紫色。荚果倒披针形，种子褐色，具光泽。花期4月，果期8—9月。

分布于我国河北以南黄河、长江流域及陕西、河南等地。

春季紫花烂漫，花开后紫藤结出形如豆荚的果实，悬挂枝间，别有情趣，是园林常用的藤本植物。皮具有杀虫、止痛、祛风通络等功效。花可提炼芳香油，也可蒸食。

慈恩春色今朝尽，尽日裴回倚寺门。
惆怅春归留不得，紫藤花下渐黄昏。
——唐·白居易《三月三十日题慈恩寺》

蔓长春花

学名：*Vinca major*

别名：攀缠长春花

科属：夹竹桃科　蔓长春花属

蔓性半灌木。茎偃卧，叶椭圆形，花茎直立。花单朵腋生，花冠蓝色，花冠筒漏斗状。蓇葖长约5厘米。花期3—5月。

原产于欧洲地区，现我国长江以南地区广泛栽培。

地被植物，四季常绿，花色绚丽，有较高的观赏价值，被广泛用于园林绿化。

白车轴草

学名：*Trifolium repens*

别名：白花三叶草

科属：豆科　车轴草属

多年生草本植物。茎匍匐。掌状三出复叶，小叶倒心形或倒卵形。头状花序，花冠白色或淡红色。花期4—10月。

分布于我国大部分地区。

再生性好，耐践踏，适应性强，在排水良好的各种土壤里均可生长，不仅有水土保持的作用，还可作牧草和绿肥。全草可入药，有清热凉血、宁心等功效。

一串红

学名：*Salvia splendens*

别名：炮仗红　西洋红

科属：唇形科　鼠尾草属

亚灌木状草本植物。茎钝四棱形。叶三角状卵圆形或卵圆形。总状花序顶生,由2～6朵花组成的轮伞花序组成。苞片卵圆形,红色。花萼钟形,红色。花冠红色。花期3—10月,果期4—10月。

原产于巴西地区,现我国大部分地区均有栽培。

花朵繁密,色彩艳丽,常用于庭院、园林绿化。

万寿菊

学名：*Tagetes erecta*

别名：西番菊　臭菊花

科属：菊科　万寿菊属

一年生草本植物。茎直立，叶羽状分裂，长椭圆形。舌状花金黄色或橙色，筒状花花冠黄色。瘦果线形，黑色。花期7—9月，果期9—11月。

原产于墨西哥地区，现我国各地庭园常有栽培。

花色醒目，为花坛、庭院的常用花卉。花可提取纯天然黄色素。全草既可入药，亦可提炼精油。

百日菊

学名：*Zinnia elegans*

别名：步步登高　对叶菊

科属：菊科　百日菊属

一年生草本植物。茎直立。叶长圆状椭圆形或宽卵圆形。头状花序单生枝端，花径4～6厘米。舌状花色彩丰富，有玫瑰色、深红色、白色或紫堇色。花期6—9月，果期7—10月。

原产于美洲地区，现我国各地广泛栽培。

生长快、花期长、品种多且株型美观，是著名的观赏植物，常用于花坛、花带等地方的绿化或盆栽。全草可入药，有清热利尿等功效。

秋 英

学名：*Cosmos bipinnata*

别名：波斯菊　大波斯菊

科属：菊科　秋英属

一年或多年生草本植物。叶羽状深裂，裂片丝状线形或线形。头状花序单生，径3～6厘米。舌状花颜色丰富，有粉红色、紫红色或白色。瘦果黑紫色。花期6—8月，果期9—10月。

原产于墨西哥地区，现我国各地广泛栽培。

叶形雅致，花色丰富，品种较多，是园林常用的观赏花卉。

碧冬茄

学名：*Petunia × hybrida*

别名：矮牵牛　番薯花

科属：茄科　矮牵牛属

一年生草本植物。全体被腺毛。叶卵形。花单生于叶腋，花冠漏斗状，有各式条纹，白色或紫堇色。蒴果圆锥状，种子极小。花期4—11月，果期6—11月。

人工培育的杂交种，现我国大部分地区均有栽培。

有着"花坛皇后"美誉的碧冬茄，花朵硕大，花色丰富，花形变化颇多，是一种观赏价值高的花卉。

参考文献

[1] 严迪昌.阳羡词派研究[M].济南：齐鲁书社，1993.

[2] 朱东润.中国历代文学作品选[M].上海：上海古籍出版社，2002.

[3] 刘民健.中国古代蔬菜诗词选注[M].杨凌：西北农林科技大学出版社，2003.

[4] 武吉华，张绅，江源，等.植物地理学[M].北京：高等教育出版社，2004.

[5] 宜兴市建设局.阳羡古城揽胜[M].北京：方志出版社，2004.

[6] 江苏省宜兴市政协学习文史委员会.苏轼与宜兴[M].西安：地图出版社，2008.

[7] 应俊生，陈梦玲.中国植物地理[M].上海：上海科学技术出版社，2011.

[8] 李云侠，王武，田备.绿色情怀[M].北京：科学出版社，2013.

[9] 刘启新.江苏植物志[M].南京：江苏凤凰科学技术出版社，2015.

[10] 李云侠，王武.江南大学植物名录[M].北京：科学出版社，2016.

[11] 江苏省林业局.江苏珍稀植物图鉴[M].南京：南京师范大学出版社，2016.

[12] 徐耀新.历史文化名城名镇名村系列宜兴[M].南京：江苏人民出版社，2018.

[13] 宜兴市史志办公室.宜兴年鉴[M].北京：方志出版社，2018.

[14] 汪劲武.常见植物识别与鉴赏[M].北京：化学工业出版社，2018.

[15] 中国科学院植物研究所.中国植物图像库[DB/OL].http://ppbc.iplant.cn.[2020-04-23].

[16] 中国科学院植物研究所.中国自然标本馆[DB/OL].http://www.cfh.ac.cn/defaulthtm.[2020-05-23].

[17] 中国科学院植物研究所.植物智[DB/OL].http://www.iplant.cn[2020-05-23].

宜兴常见植物名录

中文名称	学名	科	属
咖啡黄葵	*Abelmoschus esculentus*	锦葵科	秋葵属
冷杉	*Abies fabri*	松科	冷杉属
苘麻	*Abutilon theophrasti*	锦葵科	苘麻属
铁苋菜	*Acalypha australis*	大戟科	铁苋菜属
三角槭	*Acer buergerianum*	无患子科	槭属
鸡爪槭	*Acer palmatum*	无患子科	槭属
红花槭	*Acer rubrum*	无患子科	槭属
牛膝	*Achyranthes bidentata*	苋科	牛膝属
菖蒲	*Acorus calamus*	菖蒲科	菖蒲属
藿香蓟	*Ageratum conyzoides*	菊科	藿香蓟属
臭椿	*Ailanthus altissima*	苦木科	臭椿属
亚菊	*Ajania pallasiana*	菊科	亚菊属
合欢	*Albizia julibrissin*	豆科	合欢属
山槐	*Albizia kalkora*	豆科	合欢属
山麻杆	*Alchornea davidii*	大戟科	山麻杆属
葱	*Allium fistulosum*	石蒜科	葱属
蒜	*Allium sativum*	石蒜科	葱属
韭	*Allium tuberosum*	石蒜科	葱属
喜旱莲子草	*Alternanthera philoxeroides*	苋科	莲子草属
凹头苋	*Amaranthus blitum*	苋科	苋属
苋	*Amaranthus mangostanus*	苋科	苋属
桃	*Amygdalus persica*	蔷薇科	桃属

（续表）

中文名称	学名	科	属
紫花前胡	*Angelica decursiva*	伞形科	当归属
旱芹	*Apium graveolens*	伞形科	芹属
楤木	*Aralia elata*	五加科	楤木属
南洋杉	*Araucaria cunninghamii*	南洋杉科	南洋杉属
天南星	*Arisaema heterophyllum*	天南星科	天南星属
梅	*Armeniaca mume*	蔷薇科	杏属
杏	*Armeniaca vulgaris*	蔷薇科	杏属
白苞蒿	*Artemisia lactiflora*	菊科	蒿属
野艾蒿	*Artemisia lavandulaefolia*	菊科	蒿属
蒌蒿	*Artemisia selengensis*	菊科	蒿属
芦竹	*Arundo donax*	禾本科	芦竹属
杜衡	*Asarum forbesii*	马兜铃科	细辛属
石刁柏	*Asparagus officinalis*	天门冬科	天门冬属
马兰	*Aster indicus*	菊科	紫菀属
三脉紫菀	*Aster trinervius* subsp. *ageratoides*	菊科	紫菀属
花叶青木	*Aucuba japonica* var. *variegata*	丝缨花科	桃叶珊瑚属
满江红	*Azolla pinnata* subsp. *asiatica*	槐叶苹科	满江红属
孝顺竹	*Bambusa multiplex*	禾本科	簕竹属
茵草	*Beckmannia syzigachne*	禾本科	茵草属
秋海棠	*Begonia grandis*	秋海棠科	秋海棠属
射干	*Belamcanda chinensis*	鸢尾科	射干属
勾儿茶	*Berchemia sinica*	鼠李科	勾儿茶属
鬼针草	*Bidens pilosa*	菊科	鬼针草属
苎麻	*Boehmeria nivea*	荨麻科	苎麻属
光叶子花	*Bougainvillea glabra*	紫茉莉科	叶子花属
莼菜	*Brasenia schreberi*	莼菜科	莼菜属
雪里蕻	*Brassica juncea* var. *multicep*	十字花科	芸薹属

(续表)

中文名称	学名	科	属
欧洲油菜	*Brassica napus*	十字花科	芸薹属
花椰菜	*Brassica oleracea* var. *botrytis*	十字花科	芸薹属
甘蓝	*Brassica oleracea* var. *capitata*	十字花科	芸薹属
青菜	*Brassica rapa* var. *chinensis*	十字花科	芸薹属
白菜	*Brassica rapa* var. *glabra*	十字花科	芸薹属
构树	*Broussonetia papyrifera*	桑科	构属
醉鱼草	*Buddleja lindleyana*	玄参科	醉鱼草属
黄杨	*Buxus sinica*	黄杨科	黄杨属
小叶黄杨	*Buxus sinica* var. *parvifolia*	黄杨科	黄杨属
云实	*Caesalpinia decapetala*	豆科	云实属
紫珠	*Callicarpa bodinieri*	唇形科	紫珠属
山茶	*Camellia japonica*	山茶科	山茶属
茶	*Camellia sinensis*	山茶科	山茶属
喜树	*Camptotheca acuminata.*	蓝果树科	喜树属
美人蕉	*Canna indica*	美人蕉科	美人蕉属
荠	*Capsella bursa-pastoris*	十字花科	荠菜属
辣椒	*Capsicum annuum*	茄科	辣椒属
碎米荠	*Cardamine hirsuta*	十字花科	碎米荠属
天名精	*Carpesium abrotanoides*	菊科	天名精属
栗	*Castanea mollissima*	壳斗科	栗属
茅栗	*Castanea seguinii*	壳斗科	栗属
甜槠	*Castanopsis eyrei*	壳斗科	锥属
苦槠	*Castanopsis sclerophylla*	壳斗科	锥属
乌蔹莓	*Cayratia japonica*	葡萄科	乌蔹莓属
雪松	*Cedrus deodara*	松科	雪松属
朴树	*Celtis sinensis*	大麻科	朴属
樱桃	*Cerasus pseudocerasus*	蔷薇科	樱属

(续表)

中文名称	学名	科	属
日本晚樱	*Cerasus serrulata* var. *lannesiana*	蔷薇科	樱属
水蕨	*Ceratopteris thalictroides*	凤尾蕨科	水蕨属
连香树	*Cercidiphyllum japonicum*	连香树科	连香树属
紫荆	*Cercis chinensis*	豆科	紫荆属
木瓜	*Chaenomeles sinensis*	蔷薇科	木瓜海棠属
灰绿藜	*Chenopodium glaucum*	苋科	藜属
蜡梅	*Chimonanthus praecox*	蜡梅科	蜡梅属
吊兰	*Chlorophytum comosum*	天门冬科	吊兰属
野菊	*Chrysanthemum indicum*	菊科	菊属
樟	*Cinnamomum camphora*	樟科	樟属
金柑	*Citrus japonica*	芸香科	金橘属
柚	*Citrus maxima*	芸香科	柑橘属
柑橘	*Citrus reticulata*	芸香科	柑橘属
女萎	*Clematis apiifolia*	毛茛科	铁线莲属
大青	*Clerodendrum cyrtophyllum*	唇形科	大青属
海州常山	*Clerodendrum trichotomum*	唇形科	大青属
木防己	*Cocculus orbiculatus*	防己科	木防己属
芋	*Colocasia esculenta*	天南星科	芋属
鸭跖草	*Commelina communis*	鸭跖草科	鸭跖草属
凤了蕨	*Coniogramme japonica*	凤尾蕨科	凤了蕨属
香丝草	*Conyza bonariensis*	菊科	飞蓬属
金鸡菊	*Coreopsis basalis*	菊科	金鸡菊属
芫荽	*Coriandrum sativum*	伞形科	芫荽属
紫堇	*Corydalis edulis*	罂粟科	紫堇属
刻叶紫堇	*Corydalis incisa*	罂粟科	紫堇属
黄堇	*Corydalis pallida*	罂粟科	紫堇属
秋英	*Cosmos bipinnata*	菊科	秋英属

(续表)

中文名称	学名	科	属
山楂	*Crataegus pinnatifida*	蔷薇科	山楂属
假还阳参	*Crepidiastrum lanceolatum*	菊科	假还阳参属
南瓜	*Cucurbita moschata*	葫芦科	南瓜属
杉木	*Cunninghamia lanceolata*	柏科	杉木属
萼距花	*Cuphea hookeriana*	千屈菜科	萼距花属
苏铁	*Cycas revoluta*	苏铁科	苏铁属
青冈	*Cyclobalanopsis glauca*	壳斗科	青冈属
小叶青冈	*Cyclobalanopsis myrsinifolia*	壳斗科	青冈属
细叶旱芹	*Cyclospermum leptophyllum*	伞形科	细叶旱芹属
建兰	*Cymbidium ensifolium*	兰科	兰属
蕙兰	*Cymbidium faberi*	兰科	兰属
墨兰	*Cymbidium sinense*	兰科	兰属
狗牙根	*Cynodon dactylon*	禾本科	狗牙根属
碎米莎草	*Cyperus iria*	莎草科	莎草属
香附子	*Cyperus rotundus*	莎草科	莎草属
贯众	*Cyrtomium fortunei*	鳞毛蕨科	贯众属
黄檀	*Dalbergia hupeana*	豆科	黄檀属
瑞香	*Daphne odora*	瑞香科	瑞香属
马蹄金	*Dichondra micrantha*	旋花科	马蹄金属
马唐	*Digitaria sanguinalis*	禾本科	马唐属
黄独	*Dioscorea bulbifera*	薯蓣科	薯蓣属
薯蓣	*Dioscorea polystachya*	薯蓣科	薯蓣属
柿	*Diospyros kaki*	柿科	柿属
老鸦柿	*Diospyros rhombifolia*	柿科	柿属
稗	*Echinochloa crus-galli*	禾本科	稗属
鳢肠	*Eclipta prostrata*	菊科	鳢肠属
凤眼蓝	*Eichhornia crassipes*	雨久花科	凤眼莲属

（续表）

中 文 名 称	学　　　名	科	属
胡颓子	*Elaeagnus pungens*	胡颓子科	胡颓子属
荸荠	*Eleocharis dulcis*	莎草科	荸荠属
牛筋草	*Eleusine indica*	禾本科	穇属
紫花香薷	*Elsholtzia argyi*	唇形科	香薷属
知风草	*Eragrostis ferruginea*	禾本科	画眉草属
画眉草	*Eragrostis pilosa*	禾本科	画眉草属
枇杷	*Eriobotrya japonica*	蔷薇科	枇杷属
卫矛	*Euonymus alatus*	卫矛科	卫矛属
金边黄杨	*Euonymus japonicus* var. *aurea-marginatus*	卫矛科	卫矛属
栓翅卫矛	*Euonymus phellomanus*	卫矛科	卫矛属
地锦	*Euphorbia humifusa*	大戟科	大戟属
芡实	*Euryale ferox*	睡莲科	芡属
野鸦椿	*Euscaphis japonica*	省沽油科	野鸦椿属
何首乌	*Fallopia multiflora*	蓼科	何首乌属
大吴风草	*Farfugium japonicum*	菊科	大吴风草属
八角金盘	*Fatsia japonica*	五加科	八角金盘属
无花果	*Ficus carica*	桑科	榕属
梧桐	*Firmiana simplex*	锦葵科	梧桐属
连翘	*Forsythia suspensa*	木犀科	连翘属
金钟花	*Forsythia viridissima*	木犀科	连翘属
草莓	*Fragaria × ananassa*	蔷薇科	草莓属
栀子	*Gardenia jasminoides*	茜草科	栀子属
银杏	*Ginkgo biloba*	银杏科	银杏属
茼蒿	*Glebionis coronaria*	菊科	茼蒿属
活血丹	*Glechoma longituba*	唇形科	活血丹属
算盘子	*Glochidion puberum*	叶下珠科	算盘子属
大豆	*Glycine max*	豆科	大豆属

(续表)

中文名称	学名	科	属
绞股蓝	*Gynostemma pentaphyllum*	葫芦科	绞股蓝属
常春藤	*Hedera nepalensis* var. *sinensis*	五加科	常春藤属
菊芋	*Helianthus tuberosus*	菊科	向日葵属
木芙蓉	*Hibiscus mutabilis*	锦葵科	木槿属
木槿	*Hibiscus syriacus*	锦葵科	木槿属
蕺菜	*Houttuynia cordata*	三白草科	蕺菜属
天胡荽	*Hydrocotyle sibthorpioides*	伞形科	天胡荽属
冬青	*Ilex chinensis*	冬青科	冬青属
构骨	*Ilex cornuta*	冬青科	冬青属
红毒茴	*Illicium lanceolatum*	五味子科	八角属
白茅	*Imperata cylindrica*	禾本科	白茅属
木蓝	*Indigofera tinctoria*	豆科	木蓝属
蕹菜	*Ipomoea aquatica*	旋花科	虎掌藤属
番薯	*Ipomoea batatas*	旋花科	虎掌藤属
尾叶香茶菜	*Isodon excisus*	唇形科	香茶菜属
剪刀股	*Ixeris japonica*	菊科	苦荬菜属
探春花	*Jasminum floridum*	木犀科	素馨属
野迎春	*Jasminum mesnyi*	木犀科	素馨属
迎春花	*Jasminum nudiflorum*	木犀科	素馨属
茉莉花	*Jasminum sambac*	木犀科	素馨属
圆柏	*Juniperus chinensis*	柏科	刺柏属
铺地柏	*Juniperus procumbens*	柏科	刺柏属
水蜈蚣	*Kyllinga polyphylla*	莎草科	水蜈蚣属
扁豆	*Lablab purpureus*	豆科	扁豆属
翅果菊	*Lactuca indica*	菊科	莴苣属
莴笋	*Lactuca sativa* var. *angustata*	菊科	莴苣属
生菜	*Lactuca sativa* var. *ramosa*	菊科	莴苣属

(续表)

中文名称	学名	科	属
野莴苣	*Lactuca serriola*	菊科	莴苣属
瓠子	*Lagenaria siceraria* 'Hispida'	葫芦科	葫芦属
宝盖草	*Lamium amplexicaule*	唇形科	野芝麻属
益母草	*Leonurus japonicus*	唇形科	益母草属
独行菜	*Lepidium apetalum*	十字花科	独行菜属
抱茎独行菜	*Lepidium perfoliatum*	十字花科	独行菜属
胡枝子	*Lespedeza bicolor*	豆科	胡枝子属
女贞	*Ligustrum lucidum*	木犀科	女贞属
小叶女贞	*Ligustrum quihoui*	木犀科	女贞属
百合	*Lilium brownii* var. *viridulum*	百合科	百合属
狭叶山胡椒	*Lindera angustifolia*	樟科	山胡椒属
山胡椒	*Lindera glauca*	樟科	山胡椒属
枫香树	*Liquidambar formosana*	蕈树科	枫香树属
北美枫香	*Liquidambar styraciflua*	蕈树科	枫香树属
鹅掌楸	*Liriodendron chinense*	木兰科	鹅掌楸属
忍冬	*Lonicera japonica*	忍冬科	忍冬属
红花檵木	*Loropetalum chinense* var. *rubrum*	金缕梅科	檵木属
丁香蓼	*Ludwigia prostrata*	柳叶菜科	丁香蓼属
丝瓜	*Luffa aegyptiaca*	葫芦科	丝瓜属
枸杞	*Lycium chinense*	茄科	枸杞属
番茄	*Lycopersicon esculentum*	茄科	番茄属
海金沙	*Lygodium japonicum*	海金沙科	海金沙属
润楠	*Machilus nanmu*	樟科	润楠属
红楠	*Machilus thunbergii*	樟科	润楠属
柘	*Maclura tricuspidata.*	桑科	橙桑属
荷花玉兰	*Magnolia grandiflora*	木兰科	北美木兰属
阔叶十大功劳	*Mahonia bealei*	小檗科	十大功劳属

（续表）

中文名称	学名	科	属
十大功劳	*Mahonia fortunei*	小檗科	十大功劳属
野梧桐	*Mallotus japonicus*	大戟科	野桐属
野桐	*Mallotus tenuifolius*	大戟科	野桐属
西府海棠	*Malus × micromalus*	蔷薇科	苹果属
垂丝海棠	*Malus halliana*	蔷薇科	苹果属
冬葵	*Malva verticillata* var. *crispa*	锦葵科	锦葵属
南苜蓿	*Medicago polymorpha*	豆科	苜蓿属
楝	*Melia azedarach*	楝科	楝属
蝙蝠葛	*Menispermum dauricum*	防己科	蝙蝠葛属
薄荷	*Mentha canadensis*	唇形科	薄荷属
萝藦	*Metaplexis japonica*	夹竹桃科	萝藦属
水杉	*Metasequoia glyptostroboides*	柏科	水杉属
含笑花	*Michelia figo*	木兰科	含笑属
紫茉莉	*Mirabilis jalapa*	紫茉莉科	紫茉莉属
芒	*Miscanthus sinensis*	禾本科	芒属
桑	*Morus alba*	桑科	桑属
荠苎	*Mosla grosseserrata*	唇形科	石荠苎属
芭蕉	*Musa basjoo*	芭蕉科	芭蕉属
杨梅	*Myrica rubra*	杨梅科	香杨梅属
南天竹	*Nandina domestica*	小檗科	南天竹属
莲	*Nelumbo nucifera*	莲科	莲属
夹竹桃	*Nerium oleander*	夹竹桃科	夹竹桃属
睡莲	*Nymphaea tetragona*	睡莲科	睡莲属
荇菜	*Nymphoides peltata*	睡菜科	荇菜属
蓝果树	*Nyssa sinensis*	蓝果树科	蓝果树属
水芹	*Oenanthe javanica*	伞形科	水芹属
沿阶草	*Ophiopogon bodinieri*	天门冬科	沿阶草属

（续表）

中文名称	学名	科	属
麦冬	*Ophiopogon japonicus*	天门冬科	沿阶草属
仙人掌	*Opuntia dillenii*	仙人掌科	仙人掌属
瓦松	*Orostachys fimbriatus*	景天科	瓦松属
稻	*Oryza sativa*	禾本科	稻属
木犀	*Osmanthus fragrans*	木犀科	木犀属
大花酢浆草	*Oxalis bowiei*	酢浆草科	酢浆草属
红花酢浆草	*Oxalis corymbosa*	酢浆草科	酢浆草属
鸡矢藤	*Paederia foetida*	茜草科	鸡矢藤属
芍药	*Paeonia lactiflora*	芍药科	芍药属
牡丹	*Paeonia suffruticosa*	芍药科	芍药属
铜钱树	*Paliurus hemsleyanus*	鼠李科	马甲子属
金星蕨	*Parathelypteris glanduligera*	金星蕨科	金星蕨属
银缕梅	*Parrotia subaequalis*	金缕梅科	银缕梅属
败酱	*Patrinia scabiosaefolia*	忍冬科	败酱属
白花泡桐	*Paulownia fortunei*	车前科	泡桐属
狼尾草	*Pennisetum alopecuroides*	禾本科	狼尾草属
紫苏	*Perilla frutescens*	唇形科	紫苏属
碧冬茄	*Petunia × hybrida*	茄科	矮牵牛属
牵牛	*Pharbitis nil*	旋花科	虎掌藤属
菜豆	*Phaseolus vulgaris*	豆科	菜豆属
石楠	*Photinia serrulata*	蔷薇科	石楠属
芦苇	*Phragmites australis*	禾本科	芦苇属
毛竹	*Phyllostachys edulis*	禾本科	刚竹属
紫竹	*Phyllostachys nigra*	禾本科	刚竹属
刚竹	*Phyllostachys sulphurea* var. *viridis*	禾本科	刚竹属
乌哺鸡竹	*Phyllostachys vivax*	禾本科	刚竹属
商陆	*Phytolacca acinosa*	商陆科	商陆属

（续表）

中 文 名 称	学　　名	科	属
马尾松	*Pinus massoniana*	松科	松属
日本五针松	*Pinus parviflora*	松科	松属
黑松	*Pinus thunbergii*	松科	松属
黄连木	*Pistacia chinensis*	漆树科	黄连木属
豌豆	*Pisum sativum*	豆科	豌豆属
海桐	*Pittosporum tobira*	海桐科	海桐属
侧柏	*Platycladus orientalis*	柏科	侧柏属
桔梗	*Platycodon grandiflorus*	桔梗科	桔梗属
早熟禾	*Poa annua*	禾本科	早熟禾属
罗汉松	*Podocarpus macrophyllus*	罗汉松科	罗汉松属
玉竹	*Polygonatum odoratum*	天门冬科	黄精属
稀花蓼	*Polygonum dissitiflorum*	蓼科	萹蓄属
水蓼	*Polygonum hydropiper*	蓼科	萹蓄属
红蓼	*Polygonum orientale*	蓼科	萹蓄属
杠板归	*Polygonum perfoliatum*	蓼科	萹蓄属
梭鱼草	*Pontederia cordata*	雨久花科	梭鱼草属
意大利214杨	*Populus* × *canadensis* 'I-214'	杨柳科	杨属
大花马齿苋	*Portulaca grandiflora*	马齿苋科	马齿苋属
马齿苋	*Portulaca oleracea*	马齿苋科	马齿苋属
菹草	*Potamogeton crispus*	眼子菜科	眼子菜属
紫叶李	*Prunus cerasifera* f. *atropurpurea*	蔷薇科	李属
拟鼠麴草	*Pseudognaphalium affine*	菊科	拟鼠麴草属
金钱松	*Pseudolarix amabilis*	松科	金钱松属
蕨	*Pteridium aquilinum* var. *latiusculum*	碗蕨科	蕨属
井栏边草	*Pteris multifida*	凤尾蕨科	凤尾蕨属
枫杨	*Pterocarya stenoptera*	胡桃科	枫杨属
葛	*Pueraria montana*	豆科	葛属

（续表）

中 文 名 称	学 名	科	属
石榴	*Punica granatum* L.	石榴科	石榴属
火棘	*Pyracantha fortuneana*	蔷薇科	火棘属
豆梨	*Pyrus calleryana*	蔷薇科	梨属
麻栎	*Quercus acutissima*	壳斗科	栎属
槲栎	*Quercus aliena*	壳斗科	栎属
白栎	*Quercus fabri*	壳斗科	栎属
柳叶栎	*Quercus phellos*	壳斗科	栎属
栓皮栎	*Quercus variabilis*	壳斗科	栎属
萝卜	*Raphanus sativus*	十字花科	萝卜属
梭罗树	*Reevesia pubescens*	锦葵科	梭罗树属
满山红	*Rhododendron mariesii*	杜鹃花科	杜鹃花属
杜鹃	*Rhododendron simsii*	杜鹃花科	杜鹃花属
盐肤木	*Rhus chinensis*	漆树科	盐麸木属
刺槐	*Robinia pseudoacacia*	豆科	刺槐属
万年青	*Rohdea japonica*	天门冬科	万年青属
风花菜	*Rorippa globosa*	十字花科	蔊菜属
蔊菜	*Rorippa indica*	十字花科	蔊菜属
月季花	*Rosa chinensis*	蔷薇科	蔷薇属
野蔷薇	*Rosa multiflora*	蔷薇科	蔷薇属
爵床	*Rostellularia procumbens*	爵床科	爵床属
金线草	*Rubia membranacea*	蓼科	金钱草属
山莓	*Rubus corchorifolius*	蔷薇科	悬钩子属
蓬藟	*Rubus hirsutus*	蔷薇科	悬钩子属
金光菊	*Rudbeckia laciniata*	菊科	金光菊属
酸模	*Rumex acetosa*	蓼科	酸模属
雀梅藤	*Sageretia thea*	鼠李科	雀梅藤属
华夏慈姑	*Sagittaria trifolia* subsp. *leucopetala*	泽泻科	慈姑属

（续表）

中文名称	学名	科	属
垂柳	*Salix babylonica*	杨柳科	柳属
旱柳	*Salix matsudana*	杨柳科	柳属
一串红	*Salvia splendens*	唇形科	鼠尾草属
天蓝鼠尾草	*Salvia uliginosa*	唇形科	鼠尾草属
槐叶蘋	*Salvinia natans*	槐叶蘋科	槐叶蘋属
接骨草	*Sambucus javanica*	五福花科	接骨木属
无患子	*Sapindus saponaria*	无患子科	无患子属
乌桕	*Sapium sebiferum*	大戟科	乌桕属
檫木	*Sassafras tzumu*	樟科	檫木属
虎耳草	*Saxifraga stolonifera*	虎耳草科	虎耳草属
鹅掌柴	*Schefflera heptaphylla*	五加科	南鹅掌柴属
韩信草	*Scutellaria indica*	唇形科	黄芩属
千里光	*Senecio scandens*	菊科	千里光属
决明	*Senna tora*	豆科	决明属
六月雪	*Serissa japonica*	茜草科	白马骨属
白马骨	*Serissa serissoides*	茜草科	白马骨属
狗尾草	*Setaria viridis*	禾本科	狗尾草属
秤锤树	*Sinojackia xylocarpa*	安息香科	秤锤树属
菝葜	*Smilax china*	菝葜科	菝葜属
龙葵	*Solanum nigrum*	茄科	茄属
一枝黄花	*Solidago decurrens*	菊科	一枝黄花属
苦苣菜	*Sonchus oleraceus*	菊科	苦苣菜属
菠菜	*Spinacia oleracea*	苋科	菠菜属
绣线菊	*Spiraea salicifolia*	蔷薇科	绣线菊属
千金藤	*Stephania japonica*	防己科	千金藤属
槐	*Styphnolobium japonicum*	豆科	槐属
龙爪槐	*Styphnolobium japonicum* 'Pendula'	豆科	槐属

（续表）

中文名称	学名	科	属
白檀	*Symplocos paniculata*	山矾科	山矾属
老鼠矢	*Symplocos stellaris*	山矾科	山矾属
紫丁香	*Syringa oblata*	木犀科	丁香属
赤楠	*Syzygium buxifolium*	桃金娘科	蒲桃属
万寿菊	*Tagetes erecta*	菊科	万寿菊属
蒲公英	*Taraxacum mongolicum*	菊科	蒲公英属
池杉	*Taxodium distichum* var. *imbricatum*	柏科	落羽杉属
红豆杉	*Taxus wallichiana* var. *chinensis*	红豆杉科	红豆杉属
南方红豆杉	*Taxus wallichiana* var. *mairei*	红豆杉科	红豆杉属
硬骨凌霄	*Tecoma capensis*	紫葳科	黄钟花属
吴茱萸	*Tetradium ruticarpum*	芸香科	吴茱萸属
再力花	*Thalia dealbata*	竹芋科	水竹芋属
香椿	*Toona sinensis*	楝科	香椿属
窃衣	*Torilis scabra*	伞形科	窃衣属
野漆	*Toxicodendron succedaneum*	漆树科	漆树属
络石	*Trachelospermum jasminoides*	夹竹桃科	络石属
棕榈	*Trachycarpus fortunei*	棕榈科	棕榈属
紫竹梅	*Tradescantia pallida*	鸭跖草科	紫露草属
欧菱	*Trapa natans*	千屈菜科	菱属
白车轴草	*Trifolium repens*	豆科	车轴草属
普通小麦	*Triticum aestivum*	禾本科	小麦属
旱金莲	*Tropaeolum majus*	旱金莲科	旱金莲属
紫娇花	*Tulbaghia violacea*	石蒜科	紫娇花属
榔榆	*Ulmus parvifolia*	榆科	榆属
榆树	*Ulmus pumila*	榆科	榆属
兔眼越橘	*Vaccinium ashei*	杜鹃花科	越橘属
南烛	*Vaccinium bracteatum*	杜鹃花科	越橘属

(续表)

中文名称	学名	科	属
苦草	*Vallisneria natans*	水鳖科	苦草属
阿拉伯婆婆纳	*Veronica persica*	车前科	婆婆纳属
绣球荚蒾	*Viburnum macrocephalum*	五福花科	荚蒾属
珊瑚树	*Viburnum odoratissimum*	五福花科	荚蒾属
广布野豌豆	*Vicia cracca*	豆科	野豌豆属
蚕豆	*Vicia faba*	豆科	野豌豆属
豇豆	*Vigna unguiculata*	豆科	豇豆属
蔓长春花	*Vinca major*	夹竹桃科	蔓长春花属
鸡腿堇菜	*Viola acuminata*	堇菜科	堇菜属
山葡萄	*Vitis amurensis*	葡萄科	葡萄属
葡萄	*Vitis vinifera*	葡萄科	葡萄属
紫藤	*Wisteria sinensis*	豆科	紫藤属
狗脊蕨	*Woodwardia japonica*	乌毛蕨科	狗脊蕨属
柞木	*Xylosma congesta*	杨柳科	柞木属
异叶黄鹌菜	*Youngia heterophylla*	菊科	黄鹌菜属
黄鹌菜	*Youngia japonica*	菊科	黄鹌菜属
黄山玉兰	*Yulania cylindrica*	木兰科	玉兰属
玉兰	*Yulania denudata*	木兰科	玉兰属
竹叶花椒	*Zanthoxylum armatum*	芸香科	花椒属
青花椒	*Zanthoxylum schinifolium*	芸香科	花椒属
榉树	*Zelkova serrata*	榆科	榉属
百日菊	*Zinnia elegans*	菊科	百日菊属
菰	*Zizania latifolia*	禾本科	菰属
枣	*Ziziphus jujuba*	鼠李科	枣属

后 记

宜兴茶岭叠翠，竹篁成荫。宜兴市第十二批科技镇长团自2019年7月任职以来，在深入基层调研工作过程中，被宜兴的灵山秀水及其所孕育的人文气息深深吸引，由此产生了编写一部宜兴植物图书的想法。怀着这样的设想，科技镇长团全体成员、植物专家和管理者共同组成了《荆溪草木情》编委会，深入到宜兴各个地区，拍摄了上万张精美图片，积累了数百份植物档案，并在此基础上整理、精选、编撰成这部富有宜兴特色的植物文化书籍，希望借此表达我们对宜兴的浓浓深情，留下一段美好回忆。

宜兴是江苏植物最丰富、区系成分最复杂的地区，堪称江苏省"植物王国"，编者博观约取，选择了有代表性的物种予以介绍。全书以图文并茂的形式，科学传播植物知识，真实展示花木形态与特征，引用名人的诗作、风俗，以烘托草木之情，生动描绘出宜兴地广物博的风采。由点及面展现出宜兴万年开发进程中留下的宝贵财富，借此向读者展示中华花木种植历史之悠久，艺术性之丰富多彩，文学性之优雅含蓄，为读者带来优秀的文化滋养，提供美好的共享空间和温馨的交流平台，是外界了解宜兴的纽带和桥梁。

宜兴市政协常委、无锡市经济学会文化分会会长顾伟南和江南大学马克思主义学院院长刘焕明于百忙之中为本书写序，江南大学原副校长王武教授、南通大学原副校长周建忠教授又专程来宜兴给予指导，这些对我们都是莫大的鼓舞和激励。本书书名由宜兴市委组织部何涛副部长赐赠，南京审计大学蒋健老师题写。宜兴市融媒体中心，宜兴市摄影家协会徐星审、沈建康、丁焕新等同志以及蒋春芬、储政科、刘政、郭仲云等同志也为本书提供了精美照片。本书的编写还得到了宜兴市委组织部、市委宣传部、农业农村局、自然资源和规划局等部门及各镇（园区、街道）的大力支持。

本书的顺利出版，得益于很多人的帮助和支持，无法一一列出，在此一并致以最衷心的感谢和敬意。由于编写水平有限，书中难免有错误和疏漏之处，恳请广大读者批评、指正。

草木和山水相互交融,自然与人文相得益彰,在历史与未来的交响中,宜兴大地正在奏响充满希望的新乐章。随着经济社会发展的日新月异,宜兴文化系列丛书有待一部又一部续写下去。

宜兴市人民政府副市长(挂职)

宜兴市第十二批科技镇长团团长

2020年6月

图书在版编目(CIP)数据

荆溪草木情/杨延等主编.—上海：上海大学出版社，2021.1
ISBN 978-7-5671-4060-8

Ⅰ.①荆… Ⅱ.①杨… Ⅲ.①植物-介绍-宜兴 Ⅳ.①Q948.525.34

中国版本图书馆CIP数据核字（2020）第272183号

本书由上海文化发展基金会图书出版专项基金、上大社·锦珂优秀图书出版基金资助出版

责任编辑　杜　青
助理编辑　时英英
封面设计　倪天辰
技术编辑　金　鑫　钱宇坤

荆溪草木情

杨　延　宋东杰　王小平　周业飞　主编

上海大学出版社出版发行
（上海市上大路99号　邮政编码200444）
（http://www.shupress.cn　发行热线021-66135112）
出版人　戴骏豪

＊

南京展望文化发展有限公司排版
上海华业装潢印刷厂有限公司印刷　各地新华书店经销
开本787mm×1092mm　1/16　印张19.75　字数335千
2021年1月第1版　2021年1月第1次印刷
ISBN 978-7-5671-4060-8/Q·010　定价188.00元

版权所有　侵权必究
如发现本书有印装质量问题请与印刷厂质量科联系
联系电话：021-57602918